9th.zone

Turn On	Tune In	Drop Out
点燃	沉浸	出窍

腾云智库 译言 木果 编著

第九区 游戏妖怪十日谈

华中科技大学出版社
http://www.hustp.com

中国·武汉

CONTENTS

PREFACE

DECAMERON OF MONSTERS

游戏妖怪十日谈

PREFACE

当人类关注自己内心的恐惧与好奇并开始讨论和表达，最早的神话传说、妖魔鬼怪就此诞生。"妖怪"这个颇具东方色彩的词汇，涵盖了各种拟人化或形状怪异的世间生物。在流行文化里，这些生物及其生存的奇幻世界，是各类文学、影视作品长盛不衰的主题，在电子游戏中自然也不会缺席。

从《仙剑奇侠传》中的锁妖塔到《超级马里奥》系列的库巴城堡，从《潜行者》里因核辐射变异的疯狗到《魔法门8》中的牛头人达德洛斯，无数钟情于"第九艺术"的游戏工作者们设计原画、创作脚本、撰写代码，构建出一个个拥有自己独特世界观的魔幻场景，让玩家得以纵情其中与妖怪们"互动"。

妖怪文化如今已被归为民俗学范畴而进入学术研究领域，那么电子游戏中的妖怪文化又为我们打开了一个怎样的新世界呢？本期封面专题试图从不同角度对此进行探讨：标题文章《游戏妖怪十日谈》以十篇风格各异的短文，分别给十个游戏里的妖魔鬼怪撰写小传，一览游戏妖怪界的世间百态；开篇文章《心魔：最可怕的妖怪就是你》以作者的亲身经历出发，从玩家的心理视角分析恐怖游戏里的终极妖怪——玩家自己的心魔；《怪力乱神，前世今生》则以历史和文化的角度，解析东西方各自的神话和妖怪的来源及其对电子游戏的影响；在前卫艺术家陆扬的专访中，她聊了聊过去几年与神怪和游戏有关的艺术创作，包括街机游戏《子宫战士》、AR装置《忿怒金刚核》等充分体现电子游戏美学和互动性的作品。

除了游戏妖怪专题外，游戏编剧是本期推出的另一个重磅栏目。游戏编剧这一角色在全球范围都受到越来越多重视，英国编剧工会（WGGB）从2007 年开始、美国编剧工会（WGA）从 2008 年开始就设有游戏编剧奖，星云奖（Nebula Award）不久前也宣布 2018 年发表的游戏将进入最新增设的游戏编剧奖评选。游戏编剧是国内游戏设计目前比较缺乏但极为需要的——如《王者荣耀》制作人李旻所说，国内游戏团队在服务器、用户研究、付费设计等方面的水平与国外差距不大甚至已经领先，但是国外优秀团队在设计前期会参考文学、影视、动漫等不同形式作品并明确游戏的主题、情感和价值观，后续一直围绕着这些核心设定来做设计，这是国内游戏团队普遍需要学习的。

在游戏编剧栏目里：《刺客信条》系列游戏首席编剧 Darby McDevitt 在《游戏编剧实用指南》和《游戏叙事之死》两篇文章中系统介绍了游戏编剧在前期准备和制作时，如何与游戏设计师、制作人及其他作者合作的经验；《Top 25 最佳游戏剧本》是游戏网站 GamesRadar+ 评选的 25 个最佳游戏剧本及其叙事简介，前三名依次是《寂静岭 2》《她的故事》《生化奇兵》；随刊附赠的别册是由英国编剧工会（WGGB）授权翻译制作的《游戏编剧及相关人士工作手册》。

科学非虚构栏目刊载了科普作家 Amanda Gefter 的两篇文章：第一篇介绍了专注于计算神经科学的逻辑学家 Walter Pitts——一个企图用逻辑诠释万物的人；第二篇试图解答"每个人都由一模一样的粒子构成，人和人还有什么差别"这一终极追问。游戏与世界栏目则介绍了两款与"世界"有关的游戏：人类携手应对气候变暖的《世界的命运》、体验国家角力的卡牌游戏《世界议事会》。漫画栏目是关于热门游戏《绝地求生》，用十组幽默的四格漫画展示这款游戏中各种荒诞的死法。

《第九区》编辑部

MONS
INSIDE
心魔

文
————————
杨静

RS LIVE
UR HEAD

最可怕的
妖怪就是你

杨静 ，海德堡大学艺术史博士在读，现居海德堡。

阿姆斯特丹本就是极其奢靡的城市，朋友慷慨给我借住的老房子更在最繁华一区。狭长的三层楼，入口藏在咖啡馆的落地窗旁，小小一扇门，太容易错过。屋主是位漂泊不定的艺术家，钥匙好几把，分给家人和朋友，时而接待一下像我这样的过客。

我似乎是最后一个借宿的陌生人，房子要转手，除了主要的家具，东西都被搬走。因为空，想要扮演冒险解谜游戏真人版也很难，何况在电脑外的世界玩《到家》（Gone Home）本质上是侵犯他人隐私，更何况这也不是我的家。窗帘被摘去了，对面意大利餐馆的灯匀出来一些，打在床对面墙的女人肖像上，又有点像玩到一半吓得关机的《层层恐惧》（Layers of Fear）。

旅行总是辛苦的，昏昏沉沉就睡下去。夜半听到有人在身后翻书，隔一两分钟翻一页。我屏住呼吸，想，又是鬼压床了。上次这样大概是四五年前，这样想

着，心中也不怕了：兴许是我闯入了别人的生活——一个爱看书的鬼。鬼移到我的床边，伸手摸摸我，竟然是暖的。我更坦然，转而担心睡不够，希望明天的会议不要迟到。

醒来，几束阳光打在书橱上，鬼早就走了。我顿时觉得恐惧——这鬼还不及按时开会、保证柴米油盐酱醋茶可怕，我真是老了。要知道从小我就四处搜集鬼故事，一边吓人一边吓自己。现在满世界转一圈，魔鬼早就升级了，找到我内心最颓废黑暗的一部分，驻扎生根，再也逃不掉。

自我逃避：纵使相逢应不识

当然我不是一个人，所有彼得潘都有幡然醒悟的这一刻。譬如之前提到的《层层恐惧》，就是极其经典（套路）的故事设定——魔鬼就在你心中。游戏制作蛮用心，借鉴不少史蒂芬·金的小说及影视改编作品。一个封闭的房子，怎么也走不出去，如幻似魅，鬼影重重，房间里又有房间、房间繁衍房间；再一眨眼变成超现实主义的梦魇，陡然一下镜头拉远，你发现你的房间、你的窗是无限循环的建筑中最不起眼的一个，然后被绝望吞噬——是不是很像金的作品改编的《幻影凶间1408》？《幻影凶间1408》中走不出去的1408号房间从外到内把约翰·库萨克监禁在悔恨中——天折的幼女、渐行渐远的妻子、再也无法沟通的亡父，这些他在生活中努力逃避的，最终在他的心里织就一张愧疚的网，幻化成法力无边的鬼屋，裹住他无处可逃。《幻影

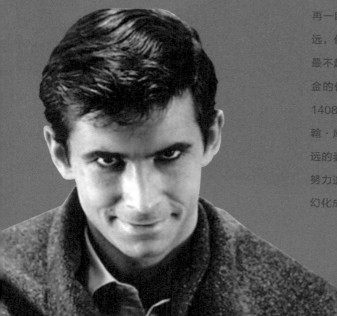

《Layers of Fear》

《Layers of Fear》

凶间 1408》是个关于救赎的宗教恐怖电影，而《层层恐惧》的神话原型则是被创作欲望以及超我摧毁的艺术家。

游戏开场黑屏，雨点坠落声中有人在走路，一个愤恨的男声自言自语："老天，我还得经受多少折磨，我听得到脑子里的抓与挠，越来越深，越来越深……我的手，被破玻璃瓶划了多少次，每一晚冷汗如雨把我淹没，但是"——出现钥匙开门的声音——"但是还有一个办法，能让我拿回生活抢走的东西……"

画面亮了，大门打开，雨声停，一所考究的维多利亚风格老房子，一路走去可以看到主人的痕迹：一鸣惊人的画家和他风姿绰约的音乐家妻子，渐渐演变成疑神疑鬼的过气画家和伤痕累累的妻子。你以为你要到处寻找线索，明白到底发生了什么，但不久就发现房子不过是个寄放回忆、猜疑和想象的虚拟空间，没什么是真的，也没什么是假的。你要找的，不是发生了什么，而是"你"是谁。

游戏比电影有天然优势，那就是极为强烈清晰的带入感和一遍遍的重新来过。这无疑丰富并个性化了叙事可能，而每个玩家总会有自己的人格与人生体验，附着在角色（画家）身上时又会产生多重撞击，添加了更多的层次（another layers of fears）。你是他，因为他对自身庸碌无常的憎恶在你眼中是那么熟悉；你不是他，因为你毕竟不能完全体验另一个人的过去和未来——这种熟悉和陌生的拉锯，又是一次对于人格分裂的模拟，可能会让你产生某种

心理不适。逃避自我太久，真有了相逢却不识的恐惧。

《层层恐惧》中充满这类道具：影子、玻璃、镜子、回声、肖像画，这些象征意义上的自我又随时会融化、消失、变脸。品尝过称赞、拥护、奉承的天才画家，日渐陷入瓶颈，想要出其不意再下一城，却屡战屡败，失意本身既是打击也是灵感，画作愈加狰狞，仿佛要把内心的丑恶用画笔挥洒在画布上——到最后这也不够，直接用人皮作画。创意世界越糜烂越吸引，真实生活越萧条，房子成为想象的仓库，人寄居在虚幻中，看不到大厦将倾。

左右手互搏：用尽力气打自己

可惜游戏设计师过于陶醉在游戏引擎可以制作出的各种特效，有些滥用"出乎意料"的恐怖效果，本可以直捣人心的追寻，最终有些俗套的味道。这是恐怖电影／游戏受到的诅咒——恐惧变成目标和手段，创作者有时沉迷炫技，发掘各种吓人的可能，但视觉奇观重复堆积，会让玩家意识到"这不是真

《Layers of Fear》

You stopped.
You stopped feeding us.
Those people out there, can you imagine what pain you've put them through?

《The Beginner's Guide》

的", 退回到观赏把玩的层面, 无法将游戏视为更为严肃的作品, 交心陶醉。

从这个角度说, 另一款并非恐怖游戏的《新手指南》 (*The Beginner's Guide*) 做得十分不露声色, 它不动一兵一卒, 就刀刀见血剖析着设计者和玩家的心。这部很难归类的游戏的作者, 是创作《史丹利的寓言》 (*The Stanley Parable*) 的 Davey Wreden, 而新作的"不好玩程度"尤甚旧作。

从最直观的层面来看, Wreden 是在继续探索游戏设计、游戏设计者、游戏玩家三者之间的关系。在《史丹利的寓言》中, Wreden 通过那个讨厌的画外音, 或命令或挑衅玩家, 质问在游戏中玩家的自由或曰自由意志到底有多大 (或多小)。而在《新手指南》中, 焦点被放在游戏设计者身上。在游戏中, 我们

看到两个游戏设计者，玩家的视角为设计者 A 所牵引，他听起来和蔼可亲，通过 A 的画外音补充，我们慢慢吸收到相关知识，认识到设计人 B 是个有趣聪明但稍许冷漠的人，创作中总是有佳句无佳章。我们跟着 A 从 B 的电脑里翻出一个个夭折的小游戏，听着 A 揣摩为什么它们会被放弃。这个过程让玩家直接换上游戏设计者的眼光，重新审视"游戏"这个东西，比如关卡怎么设计、对话为什么要这样、视角是怎么回事。B 的挣扎是职业的，也是个人的，或者更准确地说是由个人性格与职业期待中的不兼容引发——他不愿意媚俗，不愿意走寻常路，最后更加放弃了叙事，使得"打游戏"或"做游戏"变得像 20 世纪早期的前卫艺术，内容极度内省，放弃对于世界的再现，而将精神质疑和反叛集中于游戏这个媒介。

游戏打到这里（或说看到这里），我们渐渐被 A 的意见同化，将 B 视为需要拯救的天才，也会仇视商业化的游戏设计，生气它扼杀创作的活性。然而峰回路转，当我们和 A 继续偷偷摸摸打开 B 的又一个半成品时，发现 B 在墙上写下警告——不要再偷看我的作品，我不需要你的帮助，离我远点。A 变得支支吾吾，他一向流畅而善意的独白如此被打破，作为法官的玩家中也许有人（如我）开始重新检视整个故事——这也许不是一个关于帮助的故事，而是将嫉妒、焦虑、自我否定包装在无私拯救他人的故事里的谎言。谎言的作者 A 自己也是受骗者，他以为是在好心出手，但每次在 B 的游戏里行走，他都不得不直面 B 的那种职业选择的绝妙之处——正是因为不能（或不屑）成为游戏工业里一个按部

就班的螺丝钉，B 才无法完成传统意义上的游戏成品，然后参加展览、收获名利；可硬币的反面则是 B 因此换得自由，躲进小楼成一统，自得其乐，将做游戏变成哲学和艺术探讨。B 其实根本不需要人帮他打开心结，走出去闯荡。他被 A 这种名为救世主实为没事找事的闲人激怒，发出攻击力十足的反问：到底无法面对自己、无法满意自己作品的人是谁？

这种心理陷阱其实生活中随处都是，人们对于自己的平庸，或对于永远追赶不上超我的自己深感绝望。解决问题的关键当然是能够正视自己，设定合理可操作的人生目标。然而这是一种习得性无助，即是说放纵问题继续存在比解决它更为容易。那么短期内化解痛苦的有效方法就是把要帮助的对象变成别人，而这个别人往往是那些和自己不太一样的人，甚至截然相反的人。想想孜孜不倦劝婚的七大姑、八大姨，她们的家庭生活不见得多么滋润。有时很难明白，为什么她们有那么多精力督促独身小辈步入婚姻？很有可能是潜意识里，她们在为自己的选择提供借口。

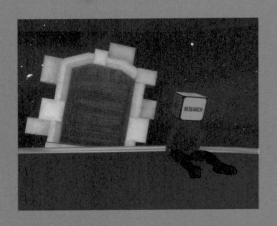

《去月球》

说回《新手指南》，像《史丹利的寓言》一样，Wreden 在剥夺玩家"玩"的权利同时，赋予玩家"诠释"的自由。他公开征集玩家回应，问：你觉得我这个游戏在讲什么？一小部分人跳出游戏的框架，把 Wreden 和 A 与 B 联系起来，认为这很有可能是 Wreden 一夜成名后的心理轨迹——一个前卫设计者因一款反游戏的游戏受到评论和市场的双重拥护，然后陷入创作瓶颈，挣扎出不来。如果 B 是曾经遗世独立的 Wreden，那么 A 就是进入市场后江郎才尽的 Wreden。他本人对玩家推测出的所有理论完全笑纳，一视同仁，对这个精神分裂说也没有否定。如果假说成立，那么无所谓 A 与 B，和你搏斗、消耗你力气的人，原来还是你。

我选择快乐：妖怪的温柔与爱

事情也不尽是悲哀，对创作者而言，苦痛与焦虑恰是缪思，将情感外化为作品的过程，正是疗愈。戏如人生，（不得不）直面痛苦的来源——也就是你本人，那是改变的第一步。如果 Davey Wreden 真如上文所言，曾在突如其来的名气下负压生活，那么抽丝剥茧把两个彼此攻击的人格分开来一个个审视，最后言和，也许真的能够接受不够完美的自我，匍匐向前。

创伤毁灭我们，也再造我们。与心魔共舞，听起来是绝世高人的能耐，其实是我们每天都践行的日常。人足够老时，以前奉为圭臬的各种律令，全都从高台坠落，一地碎片。不但没有绝对的黑与白，也没有今我与昨我的彻底决裂。如果明白心魔正在操纵你的情绪就可福至心灵，重新做人，那所有心理医生明日都要考虑转行。而更有效的，也是每个人不知不觉都在做的，则是停止对抗，从堡垒内部的堡垒内部，从心魔的心魔中找寻安宁。抄袭万能青年旅店乐队在《揪心的玩笑与漫长的白日梦》的歌词："孩子去和心魔和解吧，就像我们从前那样。"

这两年游戏世界涌现了大量关于精神健康的游戏，有讲自闭症的《去月球》，讲抑郁症的《静默说出你名字》，讲阿兹海默症的《疯女人》，还有大堆眼下想不起名字的学生作品、Gamejam。它们的作者有的有病史，有的家人有病史。最常见的处理方法就是通过场景和故事再现患病的状态，但不知不觉中有不少会陷入刻奇的怪圈——越要让玩家喜欢关于精神疾病的游戏，越要把精神疾病的不正常状态放大、戏剧化。久而久之，面子替换了里子，人人在谈"这是一个关于心魔的游戏时"，心魔从华丽的语言、旖旎的特效中溜走了。

可是有一款古灵精怪的游戏，由心魔始、自心魔终，那就是《弗兰的悲惨之旅》（*Fran Bow*）。我总记得 Steam 玩家评论中的一条："这不是一个关于精神分裂

《Gone Home》

症的游戏，这游戏本身就是精神分裂"，一语道出精妙所在。

简单（因而不精准）地说，这是一个冒险解谜游戏，小女孩弗兰目睹双亲被杀，之后被送到专收小朋友的精神病机构，她觉察到医生护士有拿病人做实验的嫌疑，就起身出逃，一路找寻失散的宠物、玩伴，一只小黑猫。逃亡之旅从医院病房跌入娃娃屋，再转到树人王国，还经过弗兰家的老房子和埋葬父母的墓园。

很难解释这游戏的 boss 是谁，怎样才是胜利，怎样才算结束。随着旅程延展，你会发现恶魔和救星有时是一个人，会发现险境和避难所是一个地方，最重要的是，你会发现你经历的一切都没有发生，它们都是弗兰的想象。这个惨白面孔、斗大眼袋的小女孩，不自觉地制造出她自己的金钟罩，把时间挡住，然后一遍遍咀嚼创伤，也一遍遍找寻光芒，在脑海中生出她所谓的"第二到第五现实"：那个

《Gone Home》

世界里梦和现实相互替代，有时天上会下眼球雨，有时树人会坐下来与你下棋，极惨烈亦极温柔。在第四现实里，弗兰的恐惧化身为会说话、懂法术的怪物，她自己也随之变成不同形态的植物、动物。她鼓起勇气和幻觉世界的造物接触、沟通，一旦无路可逃，就再造一个幻境中的幻境。这场无头无尾的逃亡，是小女孩在极度无序和疯狂中找寻希望的可能。她不能停下来，不能任由恐惧滋长，因为那个她一直躲避的怪兽，正是以恐惧为养料才能生存下去。魔鬼固然在你心里，但你也许可以学习这个无依无靠的小女孩，用一切可能的方法，边跑边和它打交道。

游戏充满隐喻，最精彩莫过于那些红色药丸和以恐惧为食的羊角恶魔。前者是游戏中弗兰切换"现实"

的钥匙：吞下药丸的她，可以看到同一空间的第二张脸。就游戏机制而言，这种平行空间制造出一整套新的可能——原来没有门的地方在服药后出现了门，原来无话可说的 NPC 在服药后会对弗兰呓语。承接门设定的则是在树人森林那个可以转换四季时间的钟，同样一棵树的地方从夏天快进到秋天就能捡到果实。而从故事和人物而言，药丸是弗兰无法处理眼前世界时的应对机制，药物固然让她出现幻觉，但幻觉对于受到创伤出现应激障碍的她来说可算是最安全的所在。在幻觉中，弗兰将负面情绪和血腥的记忆化成羊角恶魔，暂时不去探究她无法承载的痛苦及其源头。羊角恶魔后期成为真相的使者，他等到时机更为成熟的时候，告诉她杀死父母的凶手正是弗兰本人。在这巨大的打击下，弗兰异想世界的朋友也出现了，他们击退了想要带走弗兰的精

《Gone Home》

神病医生、家人,和弗兰与小猫咪飞向温暖的树人王国。在游戏的尽头,她留下这样一句话:"在恐惧和愧疚之中,我选择快乐。"

游戏的设计人 Natalia Figueroa 在访问中多次提到游戏的情节和她本人幼年时期的经历有关。不过她只透露了一小部分信息;她的父母是某个小型宗教组织的狂热信徒,一家人曾经脱离世俗社会在宗教社群生活,她经历过家庭暴力,也曾经被精神医师当作小白鼠用来做药物测试。制作这个游戏何尝不是 Natalia 通过编织幻想,释放藏匿已久恐惧的过程,也许还有愧疚——在恐惧和愧疚之中,我选择快乐。

尾声:屏幕对面的你

第一次清晰意识到游戏是有剧本的,胜利或失败只是触发程序某个点后自动点燃的事件,我好像还在上初一。那天,我信誓旦旦和母亲保证,再也不沉迷游戏了,因为我根本什么也没赢——《金庸群侠传》根本没有十四本天书,《古墓丽影》里也没有失落的文物,甚至《阿猫阿狗》里那个需要我拯救的小镇也是虚妄。哪怕通关,再开电脑,大侠还是得像西西弗斯一样重新来过。

当然我错了,不然今天也不能坐在这里写游戏。我以为游戏这个恶魔的魔力在游戏里,却忘记看看黑镜最浅处,我的镜像。

A BRIEF HISTORY OF MONSTERS AND GHOSTS

怪力乱神,前世今生

文

班班

班班,博物馆学专业毕业,现居耐尔戈堡。

让我们张开想象的翅膀，假装自己是在一个像《指环王》电影一样的幻想世界中，并对以下场景做出竞猜：当一条黑龙单挑一只侏儒，谁会胜出？

只要这侏儒没有主角光环，黑龙有绝对的胜算。

如果它单挑的对象是一个兽人呢？黑龙貌似也是较强大的那一方吧？

如果它遇到的是精灵女王呢？嗯，需要好好思考……

如果它挑战的对象是同为龙族出身的骨龙或者翡翠龙呢？

让我们再来增加点难度：如果这条倒霉的黑龙碰上的不是一只侏儒，而是五百只呢？

如果我们不是能给自己想象力圆梦的写手，这些问题似乎就要变成白日梦里永远的悬案了。还好我们有游戏，有无数钟情于"第九艺术"的人们撰写脚本、设计程序，凭空创造出一个拥有自己逻辑和面孔的世界让我们来验证那些现实中永远或几乎永远难以实现的场景。

根植人性的好奇心和日常平稳生活之外，渴望冒险的探索欲使得幻想世界和奇幻生物成为各类影视、文学作品长盛不衰的主题。点开电子游戏平台Steam的商店界面，"奇幻"这个分类下有一千多个游戏。或绚丽、或诡异的异想世界搭起各式舞台，形形色色的妖怪就是其中的演员。

"妖怪"这个词颇有些东方色彩。《搜神记》里写道，"妖怪者，盖精气之依物者也。气乱于中，物变于外。"广义上来看，"妖"大约可以视作是化以人形出现的世间万物，"怪"则是怪异、反常的存在。所以各种拟人化的鬼怪、精灵，甚至乡村、都市传说生物都可以算作是我们的讨论范畴。如今对于妖怪的学术性研究已被归为人类学下的民俗学范畴，东西方都有属于自己的、人们耳熟能详的妖怪文化。那么这一源于想象、归于文化的概念究竟是如何产生并演变发展至今，最终被应用到电子游戏中，给我们打开一片新世界的呢？

如同艺术的起源一样，妖怪文化可以追溯到人类刚

《指环王》场景概念图

诞生的时候。远古时代的人类，终日为了生存挣扎。想象我们有一个名叫大元的祖先，他每天苦苦奔波只为吃饱肚皮。终于有一天，他的生命迎来了一个短暂的小春天。天气不冷也不热，野兽没来骚扰，食物还有盈余，于是在这个吹着暖风的午后，大元终于有了空闲和精力来思考一些在脑中盘旋已久的，却从来没来得及考虑过的问题：

每次天上下雨之前都会有隆隆巨响，是巨人在远处奔跑吗？

从天而降的闪光让整片森林在夜晚里也明亮无比，散发着滚滚热浪不能靠近，那夜幕下舞动着的一片金红色是什么？

巨大的火球升起来了，世界明亮又温暖，它落下去了，世界黑暗又寒冷。

《指环王》场景概念图

是谁在带领它终日奔波呢?

当人类开始关注自己的恐惧与好奇,并对之加以讨论和表达时,最初的神话就诞生了。随着千千万万个大元的日子越过越好,生产能力越来越强,这些讨论和表达逐渐丰富、具体,最终形成了一套体系。在原始的文字诞生之后,它们被得以记录和传播。于是我们就拥有了最初的神话文学。

流传至今、对奇幻游戏内容影响比较大的神话体系分东西两派:欧洲的希腊、罗马和日耳曼神话;以及亚洲的中国和日本神话。源于远古时代的神话常是和人类蒙昧时代的信仰紧紧结合在一起的。

从大元的例子可以看出,神话是我们的祖先试图阐释和理解世界过程中的产物。由于其诞生时间早于成熟文字产生的时间,它们被视作一个长期以来口耳相传的集体创作产物,它的内容多围绕世界起源,以及这个过程中所出现的神祇和英雄展开,对于真实的人类历史有所包含和反映,但是具体确实性就很难加以考证了。这也是我们常将"神话"和"传说"两个词连在一起的原因。

感谢千千万万个大元们的努力,人类得以生存发展。我们通过努力改变着物质世界,也用神话传说在时间的维度上标注着自己。

随着物质生产力不断进步发展,人类的语言文字也

《指环王》场景概念图

在经历着持续的自我修正与进化。我们不再满足
于简单的记述，而是开始进行创作。语言文字不
但帮助我们认识世界，也成了拓展世界的工具，
赋予了我们重新解读世界的空间和可能性。在对
于早期神话传说的解读和再创作中，奇幻文学诞
生了。

在西方世界，鼎鼎大名的两部荷马史诗《伊利亚特》
和《奥德赛》就可以看作是早期的奇幻文学代表。
它们所描绘的世界亦真亦幻，充斥着神与人、法
师与术士的钩心斗角，也有爱情、忠诚和背叛之
类的感情。脱胎于日耳曼神话体系的《贝奥武夫》
则是讲述了一个贤明国王和邪恶巨龙之间的争斗。
到了十二世纪，凯尔特吟游诗人吟唱的《亚瑟王

《上古卷轴 5》

传说》，其中诸如魔法师梅林、圆桌骑士、有魔力的神剑和魔法与冒险等内容到现在仍是影视作品热衷拍摄的题材。

而现代意义上成熟的西方奇幻文学应该是以《指环王》三部曲的创作出版为标志。在此之后，以人类社会通用的善恶、逻辑、情感来创造一个充满了奇异生物、非人类种族和虚构宗教的架空世界就成了奇幻文学通用的创作手法。《指环王》的巨大成功影响和启发了一批如《纳尼亚传奇》《地海传说》《龙枪编年史》等优秀的奇幻文学作品。我们今天所玩的欧美奇幻类电子游戏，他们的架空世界设定和故事背景编写大多是脱胎于这些文学作品，这些作品也是游戏中各类妖怪，如精灵、龙族、巨人、矮人等幻想生物的主要灵感源头。

比如已经成为奇幻游戏怪物标配的巨龙。早在荷马史诗中就有龙的身影，希腊神话中赫拉克勒斯智取金苹果的故事里，看守金苹果的就是一条拥有一百个脑袋的巨龙。成书于八世纪的《贝奥武夫》中，龙是作为主角之一被加以描述的。这个时候龙已经具备了许多现在公认的特质：会飞、爱财、以火焰和毒液作为武器，脾气暴躁并且邪恶。老牌 RPG 游戏《勇者斗恶龙》中，龙的角色就复制了这一设定，它掳走公主，是玩家在通关游戏、取得最终成就前需要战胜的大 Boss。在后来日渐丰富的奇幻游戏作品中，龙的家族也得到了发展壮大。《上古卷轴 5：天际》里的杜耐维尔是亡灵龙，属于不死生物；《魔法门 8：毁灭者之日》里，龙则是以一个独立种族的姿态出现的，它们有自

《指环王》场景概念图

己的社会、领地、盟友和宿敌。

再比如精灵，这是一个最早源于北欧神话的传说
形象，后来在不同文化的文学作品中被赋予不同
的形象，但基本都拥有类人的外貌和超能力。比
如一千零一夜里的灯神，彼得潘里的花仙子，东
方故事里各种化作人形出现的动物。最有名也是
现在最广为流传的是《指环王》里对于精灵的定义：
它们长着长长的尖耳朵，富有智慧，是会使用魔
法、箭术高超的美丽存在。电子游戏里的精灵大
多沿用托尔金的设定，不断丰富的定义使精灵成
为一类拥有自己特点和文化的成熟智慧生物。《魔
兽世界》《博德之门》《龙腾世纪》等许许多多
奇幻游戏中，精灵都是作为主角种族之一出现的。

除了神话传说中的妖怪，在游戏中常见的奇异生
物还有以下几个出处。

源于民间传说的妖怪。民间传说与神话传说都是
民间散文体叙事文学的产物，但是它们之间也有
一些微妙的区别。简单来说，民间传说的表达自
由度更高，更通俗，受众也更广。而神话则与宗
教信仰的结合更紧密，所以在人们传诵的时候会
自动给它附加上某种"神圣"的属性，不会去深
究其内容中的不合理之处。民间传说则是在转述
过程中被不断修订和本地化的。这类妖怪最有名
的当属狼人和吸血鬼，它们也是游戏世界里的熟
面孔。《上古卷轴》中玩家可以通过完成支线任
务变身狼人，得到新能力。后者则有以吸血伯爵
德古拉为主角的动作冒险游戏《恶魔城》系列。

源于神秘学和炼金术研究的妖怪，比如各类元素精灵。此类妖怪缺乏成熟文学作品的支持，因此在游戏中也多作为召唤兽或者没有身份背景的野怪出现。《炉石传说》中萨满达到十级时可以解锁火元素卡牌，用来攻击对手。值得注意的是，虽然戏份不多，可是此类妖怪拥有公认的强战斗力，符合神秘学中对于元素力量的崇拜。

各类不死生物。这是一类难以确定归属的妖怪种类，主要指代僵尸、骷髅等肉体已经死亡却依然能够活动的怪物。它们源自巫毒等原始宗教，是邪恶诅咒的产物。不过现在射击和跑酷游戏中常见的僵尸形象则是被当代都市传说重新定义过的。《魔兽争霸》中的天谴军团也是不死生物作为游戏妖怪的代表形象。

此外还有一些如"血腥玛丽""无头骑士""隐形人"等出自近现代都市传说的妖怪，在游戏中它们多作为恐怖效果的点缀性角色出现，在此掠过不表。

东方世界以中国和日本为代表，奇幻作品的内容相较西方有很大不同。受儒家和道家影响深重，东方奇幻文学作品多是通过虚构的神怪故事来表达各种人情道理。早期有《山海经》《古事记》，后来神怪文学发展成熟的作品有《西游记》《聊斋志异》《御伽草子》等。现代的东方幻想游戏有的是直接使用西方"骑士与魔法"的世界设定和妖怪元素，比如前文提到的《勇者斗恶龙》；有的则和本土文化结合紧密发展成为玄幻题材的仙侠游戏，比如《仙剑奇侠传》。这些游戏中的妖怪形象很多都是直接取材于古代传说，在走迷宫、练级时稍加注意，就能发现九婴、旱魃等神话中走出的传说生物。

回到文首提出的那些问题，类似的分析思考在进行诸如《英雄无敌》之类的奇幻战棋游戏时常会遇到。作为一名英雄我要如何发展自己，发展我的城市？手下这些拥有奇异力量的生物要怎么排列组合才能发挥最大的战斗力？屏幕闪烁间，电脑前的我们仿佛就已身骑巨龙翱翔天际。

所以我们为什么喜欢电子游戏？

我们对世界了解得越多，受到的制约也就越多。知识和社会规则赋予我们力量，却也划出了明确

《勇者斗恶龙》

《仙剑奇侠传》

《魔法门之英雄无敌》

的界限。感谢电子游戏的出现，它源于生活却高于生活，赋予了我们不一样的自由。绘画是平面的，文字是抽象的，影视作品是被动的——只有游戏，让我们能够全情、全身地驰骋于另一个世界。不管现实中有什么苦衷与妥协，当屏幕亮起，我们的世界中就有妖怪与魔法、有勇气和正义，惩恶扬善，可以全凭己愿。

其中的乐趣和满足感，非同好者不能懂。感谢这个世界还有游戏。

THE DECAMERON
IN VIDEO GAMES

游戏妖怪十日谈

文
班班　杨静

Day 1 美丽是一种罪

《生化奇兵》（*BioShock*）前后有三部，内容都建立在一定的历史背景上，如冷战、美国的例外主义时期等。但游戏开设平行宇宙，并不依附现有历史。康姆斯托克夫人是《生化奇兵：无限》中一个比较难打的 boss，她由怨气和愤怒组成，打败她的关键，并非武力对抗，而是揭开历史谜团，消弭仇恨。

哥伦比亚，天空之城。

我曾以为这是俗世间最无忧无虑的地方，整个城市是一座流动的博览会。科学家们利用量子磁悬浮让我们的建筑、雕塑在云上行走，虔诚的人民怀着对主的崇敬坐地环游，感叹造物的荣光。

那时我年纪小，并不知道那是我一生中最最美好幸运的年华。那时我还有自己的名字，叫安娜贝尔，如今已经没人知道这件事了吧。安娜贝尔天真而无知，不过是芸芸众生中，先知康姆斯托克的又一个信徒罢了。她生得美了些，追求者也多了些。花蝴蝶沉醉于自己的魅力，不免恃靓行凶，利用脚下的男人为自己做这做那。

但在虔诚的神权国家里，风骚任性的女人就是狐媚，过于招摇的美丽就是罪。作为罪人，安娜贝尔需要救赎。因着她的原罪——美丽的面孔，她找到了最高规格的救赎，先知本人愿意娶她。安娜贝尔消失了，而我，天空之城第一夫人、先知的妻子、先知最忠实的信徒康姆斯托克夫人登上舞台。有人在暗地里嘲笑我们老夫少妻，这些人实在愚昧，他们不知道权力与神性能让一个男人具有怎样的性魅力。我是真的爱着先知，我在各地的传教，也并不像人民呼声里那些激进的民兵所宣扬的，是什么昧良心的走狗。先知传来神的旨意，我真的希望每一个人都能悉心聆听，获得救赎，就像曾经发生在我身上的神迹一样。

而堡垒必先从内部被攻克，我以为我的一生会致力于同人民呼声争夺支持，我甚至幻想过被他们的狙击手暗杀。没想到，终结一个有罪的美人的，竟然是另一个美人。她甚至——恕我直言——不怎么美。罗莎琳，这个长着一张男人脸的假正经。是她，一定是她！这个会巫术的女人让我亲爱的丈夫变得残忍淫乱，最让我心碎的是，我们一直生不出孩子的问题也被罗莎琳用巫术解决了，先知和她生下了孽种伊丽莎白。他们欺人太甚，不但不承认这龌龊之事，还对人民宣传孩子是我的。

两年，我沉默了两年，等着他们悔悟，等着先知恢复理智。可那孩子一天天长大，没有人要戳破谎言。我虽是个罪人，但也有尊严，我终于忍不住要公之于众，让天空之城的子民知道他们景仰的先知其实是个衣冠禽兽。可太晚了，我张嘴之前，先知——我的丈夫杀死了我。当然，这一切也没人知晓。聪明的他栽赃嫁祸，凶手本人成了哀悼者、复仇者——多么聪明的先知，我的丈夫。

先知给我设起灵堂，我平日喜爱的衣服玩物都搬进来成了神圣的遗物。我的冤魂被关在灵堂里，十几年弹指一挥，先知老了，孽种长大了，而我还在这里。我恨先知吗？恨，也许。我不明白他为什么要这样对待我，他最忠实的信徒。但我更恨孽种，因为她，我才备受冷落和侮辱，最终丧命。我没有了肉身，失去了美丽，但我不会放弃，我要等。我知道她会来，我早已不相信救赎，滋养我的只有复仇的欲火。

灵堂的门动了，是她，我一生的抱负都在此一战了。我，准备好了。

Day 2　贾达密风云之幕后英雄

《魔法门8：毁灭者之日》（*Might and Magic VIII: Day of the Destroyer*）是一款角色扮演类游戏，它是魔法门系列游戏的第八代。故事发生在贾达密大陆上，游戏一开始的任务就是，玩家需要到岛上的村长家中寻找牛头人达德洛斯，以得到更进一步的游戏线索。

是的，我就是达德洛斯。村长说你们想要报道贾达密大陆上的奇闻逸事？找我就对了。七十年前的那场大灾变，没有人比我更清楚。人们都说那个冒险者拯救了大陆，我要告诉你事情的真相。我才是那个幕后英雄。

来，孩子，让我们坐的靠近炉火一点。我已经一百〇四岁了。你知道，一个一百〇四岁的牛头人，一个随商队奔波了一辈子的首领，总是难免有些小病痛。炉火能让我保持温暖和清醒。

要不要来一瓶托伯斯克果汁？托伯斯克果可是个好东西，我们匕伤群岛的特产，我做商队时最喜欢倒卖的货物。当初那个冒险者押送来血滴镇的货物就是一批托伯斯克果。这果实长得美，味道也很不错……

哎，我们在说什么来着？人老了就是容易东拉西扯。对了，七十年前的那场大灾变。我要跟你说说那段历史。

那个冒险者是我在阿尔瓦雇佣的，她是一个黑暗精灵雇佣兵，我一眼看出她是一个能征善战的好将，一个可造之才。那时我们刚到血滴镇，还没来得及卸货就被一场流星火雨砸了个晕头转向。桥梁都被从天而降的野火毁坏了，海盗们也来趁火打劫。那些可怜的蜥蜴人居民，他们被这些鲜血和火焰吓坏了。是我选她去渡鸦海岸报信。如果不是我以自己的声誉作保写信，有谁会相信她呢？我还给她介绍

了三个伙伴，死灵法师阿肯那斯，见习骑士谭普勒和牧师塔力米尔。可惜只有塔力米尔陪她战斗到了最后，阿肯那斯死在了低语之森的食人魔手里，而谭普勒则是因为不思进取被踢出了队伍。

看，这些都是她当时一路上给我发来的信件。我们始终保持着联系，她很信任我，我也利用自己全部的知识和人脉帮助着她。我当时被她从渡鸦海岸发回的消息吓坏了：她告诉我，我们在匕伤岛碰到的灾难不是个例，整个贾达密大陆都在遭殃！食人魔的铁砂荒漠几乎被火焰和岩浆淹没，我的老家荒湮迴廊则发起了大洪水。狂风，地震，海啸……似乎所有的元素都发了疯，每一个种族都在受苦。埃尔瓦的商人领袖艾加告诉我，渡鸦海岸一夜之间凭空出现了一座诡异的水晶塔。互通消息后我们坚信这座水晶塔肯定就是解开这些灾难谜团的关键。

在灾难面前，大家都团结了起来。渡鸦的走私贩子们贡献出了他们的快船，好让我们的冒险者以最快的速度将消息送到大陆的各个角落。每个种族都派出了自己的代表，甚至连铁拳王朝都派出了他们的大贤者萨索尔。大家在埃尔瓦齐聚一堂，共同商讨拯救大陆的方法。当然略，为了促成这项同盟，我们的小战士吃了不少苦头。有些死脑筋总是认为自己的种族传统最重要。比如暗影山谷的骷髅和太阳神殿的那帮伪君子，还有绞刑山谷的龙和猎龙人。大难当前，他们却依然斗得你死我活，不肯团结起来。最后我们的小战士听从了我的建议，选择同死灵法师和龙族合作。我这人最受不了虚伪和自大，

相比那帮自诩光明卫士的自大鬼，骷髅和龙也就是长得丑了点，个性却要可爱的多。

你看看我们牛头人，不但一个个长得高高大大仪表堂堂，个性也是豪爽痛快。只要解决了自己的生存问题，立马卷起袖子加入保卫大陆的行列。

那座水晶塔刀枪不入，最后还是人族智者萨索尔找到了进入其中的方法：用风、水、土、火四颗元素之心来锻造钥匙。当然了，取得这四颗元素之心又是一场大战。可是这个时候我们的小战士已是今非昔比，整个大陆都倾尽人力物力来支持她。那时她身边汇集了全贾达密最厉害的战士：巨龙之王"永恒"土洛斯，吸血鬼贵族"血圣"维瑞塔斯，百战食人妖"石下"索恩……当然还有我们牛头人部落最优秀的战士，"牛人王"乌布里契。

最后的结果你也知道了，他们进入了水晶塔，找到了大灾变的根源，解救了四位元素之王，世界重新回到了规律和谐的运行轨道之中。

一切尘埃落定之后，我们的小战士选择回到埃尔瓦在同族之中定居。而我则决定留在血滴镇，一待就是七十年。当年塔力米尔在大战之后也选择回到故乡血滴镇，我一直怀疑他默默爱着我们的小战士，但是无论喝多少酒，这个狡猾的牧师就是不肯承认……对了，他就住在隔壁，你们要不要去问一下？

Day 3　先迈左脚还是右脚

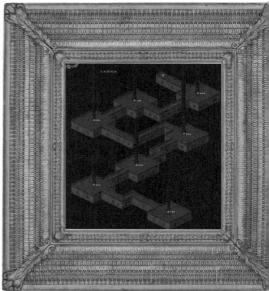

《仙剑奇侠传》中的锁妖塔，相信是大部分老玩家都忘不掉的地图。锁妖塔本身是神仙用来镇住妖魔鬼怪的神器，里面关了无数奇怪而难打（主要是数量多）的怪物。李逍遥和林月如闯入塔中，目的是营救被关在塔里的蛇形赵灵儿。在《仙剑奇侠传》续作中，也有很多和锁妖塔有关的人物登台；到《仙剑》后期，锁妖塔已经倒塌，需要神力才能修复。

这是我思考了一生的问题。

据说锁妖塔里住着千百种怪兽，有的鬼魅妖艳，有的丑陋无比。我忘记在这里住了多久，但从没见过一个同伴。看客们都说那是因为我懒，待在原地不动——我很好奇有没有人想到另一个解释，因为其他怪物也勤快不到哪儿去，不然凭着那股四处乱窜的精神头，他们早就邂逅我一百次了。

而我的不动，全然不是来自于懒惰。正相反，我的大脑每天高速运转，你如果距离近一点，可以听到脑仁转动的声响；如果摸摸我的额头，你会敬畏地跳开，因为想得太多太烧脑，额头摸起来像即将爆炸的三星手机。

没有人懂得我的执着，现象学在《仙剑奇侠传》的世界里没几个传人。也难怪，这里人和妖都忙着修仙，好像换个阶级就没有烦恼一样，谁有空看什么哲学。我笑世人太天真，不过傻人总是有傻福，他们迈向死亡的旅途中还带着笑，完全不知前方是个死胡同。

先迈左脚，还是右脚？这分明关系到我生命中会遇到谁、先遇到谁。还有，万一左脚和右脚像日本人说的那样也有灵，他们会不会计较我把谁的优先级提高呢？最实际的例子就是，如果右脚前面有个钉子，而我先出左脚，不就逃过一劫了？世人都说锁妖塔里陷阱重重，其实如果他们也能停下来想想先迈哪只脚，问题就迎刃而解了。

当然，这么多年，没人听我的。世人笑我太疯癫，还赏给我一个雅号"沉思鬼"，我老人家懒得计较，也就笑纳了。这天，塔里来了一对青春男女，女孩子人如其名，叫"月如"；男孩子的名字就此地无银了一些，"李逍遥"，听上去像李寻欢他弟，真正逍遥的人哪会这么多七情六欲。七情六欲也就罢了，又一点都不敢做敢为，成天优柔寡断地周游在姐姐妹妹中间，害人害己。

果然，这俩小鬼很不懈地教导我：左脚右脚都一样啦。我不服气，女娃子就威胁说要砍我，最后那个仙侠版贾宝玉碎碎念劝服了他家的河东狮。还没消停多久，他们又搬来一个老头，自称"书中仙"。明明都是书呆子，凭什么我就是鬼，他就是仙？

但这书中仙倒也有两把刷子，他简单粗暴地问我：你不会两只脚一起跳啊？也许是困在这里太久，也许是他拨动了我心中的琴弦，我忽然觉得诅咒被解除了。痴男怨女拍手称好，我像弹簧一样跳来跳去，鱼与熊掌，尽在我手。

可是为什么弹跳这么消耗能量，又这么让人开心。我越跳越停不下来，却又越虚弱。就在我飘飘欲仙的时候，一个背着一包试炼果的蓝妖怪路过我们身边，尖酸刻薄地说："不作死就不会死。"但我已经管不了那么多了，我跳着跳着，消失在锁妖塔的深处。

妖界流传着我的传说，最不靠谱的一种说法是：我穿越去了美国，变成了一只……僵尸。

Day 4　杀死那个德尼罗

《枪、血、意大利黑手党》（*Guns, Gore and Cannoli*）是一款射击游戏，guns 当然是指枪，gore 是血，而 cannoli 是意大利西西里的一种家常小吃，又甜又腻，这里是暗指意大利黑手党。游戏中主角的形象可以有五六个选择，其中一个酷似常常出演意大利黑手党电影的罗伯特·德尼罗。故事背景是在 1920 年的美国，玩家需要一边杀僵尸，一边寻找令整个城市染上瘟疫的根源。

这年头做个安安静静的僵尸实在太难了，我们只是想在光天化日之下自由地晃来晃去而已。和那些动不动招呼神龙的法师，还有庞然大物德鲁伊相比，我们简直是怪物界的一股清流。然而老虎不发威，我们老被当作病猫。前两年一堆没有战斗力的植物逞威风，吐几个泡泡就把我们消灭了——我想说，还有比这更低端的意淫吗？

但我们自己也笨，从没能够吃一堑、长一智。前些日子有人找我们客串一个意大利黑手党的动作游戏，我脑中顿时呈现了无数好莱坞 B 级片。你懂的，就是《僵尸大战术士》、《僵尸帝国》，还有《僵尸之爱》什么的。我的多巴胺像火山爆炸一样冲遍全身，僵尸也有春天。然后又听说虽然我们还是配角，但主角都是了不得的人物，有一个长着"梦露脸、罗拉身"的女杀手，会穿紧身吊带和齐臀小短裤，用机关枪扫射——我好想跟在她身后，当个屁颠颠的小跟班，杀出一条血路。然而这还不是最高潮，另一个主角是罗伯特·德尼罗，德！尼！罗！耷拉着眼睛，穿着睡衣，手插在口袋里，一枪爆一个头！

还有什么可犹豫的，我带头签了演艺合约，还找了顶礼帽搭在头上，兴冲冲和兄弟们去了片场。果然是德尼罗，一副刚睡醒很生气的样子。到我了，我使劲儿抑制追星的花痴样。还好，再怎么激动我也做不出任何面部表情。等我一路小跑，蹭到德尼罗身边，还没看清他脸上的褶子，他提起一把猎枪，对着我的脑袋来了一下，不到一秒就崩了我，嘴上还念念有词："僵尸，又是僵尸，杀了一百个，还

有一千个，真是闲得蛋疼！"猎枪火力大，身首异处的我这才明白，又被骗来演坏人了。

这次我们的邪恶联盟成员还有一群长得像袋鼠的蜘蛛（或者像蜘蛛的袋鼠？）、几个躁郁症病人，还有不停从天上往下扔臭蛋的人。我又揣摩了几天，僵尸还是最底层，地位大概和袋鼠差不多，没人给我们化妆，没一件完整的衣服（不过袋鼠都是全裸的，我们还算好）。最帅的当然是德尼罗，他的嘴很臭，老是搞物种歧视。我看袋鼠也不开心，尤其大个儿的被设计成满身流脓。

为了证明一下怪物也是有尊严的，我们越战越勇，毕竟德尼罗只有一个，而怪物子子孙孙无穷尽也。很快，德尼罗就伤痕累累，但他很鸡贼地把游戏难度调到了 Easy——就这点胆子也敢当黑手党？！正当我的阿 Q 精神开始起作用，大 Boss 出现了：一个猥琐的老科学家，不过手段毒辣，机关也多。跟着这样一个老大也不错，我对着袋鼠点点头。德尼罗果然应付吃力，看来要打败人类这种狡猾的怪物还得靠人类。几百场征战过后，德尼罗终于熟能生巧，打得科学家无处可藏，这个白大褂最后不知从哪变出了一架飞机，然后就……就飞走了。

我和袋鼠——我是说蜘蛛，怔怔转过身来，背后是拿着散弹枪的德尼罗，他已经杀红了眼睛，正朝我们走来……以后再也不相信人类了。我捡起《演员自我修养》，默默地离开了片场。

Day 5 饥荒剧组见面会

《饥荒》（*Don't Starve*，又译《不要饿死》）是一款开放世界生存游戏，游戏的目标是长时间内保持存活，同时避免饥饿、精神错乱和敌人。初始人物威尔逊是一名彬彬有礼的科学家，也是唯一可以长出胡子的角色；薇洛是一名纵火女孩，游戏中第一个解锁的角色，也是第一个可使用的女性角色；温迪开局自带一朵侍女之花，她的能力很诡异，已故的孪生姐姐阿比盖尔可以用花召唤；WX-78 是一个人造机器人，可以吃变质的食品，而不会造成生命或饱食度的降低……

记者：大家好！今天我们很荣幸为大家请到了年度真人秀大赏获奖团队"饥荒"的各位主演来和大家分享心得，有请主创们上台！

众人在威尔逊的带领下依次上台。

记者：各位主演们，请问在节目录制的过程中你们遇到的最大困难是什么？

威尔逊：胡子长得太慢了，兔子过于狡猾总是抓不到，湖怪实力强打不过……（被打断）

沃尔夫冈：没有路灯！一到晚上到处都黑黑的，人家好怕怕呀。

威尔逊（试图继续）：冬天太冷，夏天太热……（被打断）

薇克伯顿：沃尔夫冈你一个壮汉能不能就不要抱怨怕黑了？神经衰弱才是真正的痛！不能睡觉啊，为了能继续留在节目中不被淘汰，我付出了多少努力！

威尔逊（仍在努力）：节目后期重要资源难以收集……（被打断）

伍迪：树太少，不够砍。

记者（八卦脸）：伍迪先生，听说您来自特殊的"海狸族"，月圆之夜就会变身。请问这种情况在节目中有发生过吗？这种特殊的体质会不会给您和他人带来困扰？

薇克伯顿：什么"海狸族"？！现在的年轻人都不看书吗？！他那是诅咒！不环保老是砍树遭的报应！

伍迪怒，欲起身，威尔逊跳起来打圆场：节目刚结束，大家都比较累，容易暴躁……伍迪的这种特殊体质在某些时候还是很有用的，他在海狸状态时战斗力非常强，可以帮助大家解决一些正常状态下难以战胜的对手，比如湖怪……说到这个问题，我觉得节目还是有很多地方设置得不太合理，对于我们来讲过于困难，比如后期的资源，金子真的是太难找了。

女战士薇格弗德插嘴道：肉太少了，女战士经常吃不饱。

记者：啊啊啊，薇格弗德小姐，我非常崇拜您！您的战斗力真是非常惊人！请问如果您、沃尔夫冈和伍迪三人进行单挑，谁能够胜出呢？

薇克伯顿（不屑状）：他们谁也打不过温迪的妖怪姐姐阿比盖尔。

薇格弗德：女战士喜欢伍迪，不会和他单挑。阿比盖尔很强！女战士想和她战斗！

温迪（小声插嘴）：我姐姐不是妖怪，也不喜欢随便和人打架……

沃尔夫冈：这个采访还要多久啦？人家肚子饿了啦……

记者：沃尔夫冈先生请少安毋躁，这里有赞助商提供的饼干。温迪小姐，请问令姐今天也到场了吗？您二位姐妹情深，生死不离的故事真的很感人呢！

温迪：我姐姐不见血是不会现身的，要不咱们随便杀个什么？

薇克伯顿（继续不屑状）：让沃尔夫冈和女野人单挑吧，一举两得。

记者（尴尬状）：哦，呵呵，薇克伯顿女士您还真会说笑呢。还有几位主演不曾开口，WX-78先生，作为团队中唯一的机器人，您有什么想和大家分享的吗？

WX-78：咔……砢咔咔咔咔咔……

记者：很独特的观点！那么维斯先生您呢？我感觉整个大秀中，您比较低调，观众对您有很多疑问，比如您是怎么入选饥荒团队的，您有什么特长呢？

维斯：……（变出一只气球）

记者：所以您的特长是变魔术吗？

威尔逊（艰难地插话）：维斯的本职工作是一名默剧演员，他正在进行沉默示威来支持快要倒闭的默剧剧场，所以不能说话。我觉得……（又被打断）

薇克伯顿：都是些什么没营养的玩意儿，全关了最好！

威尔逊：……我觉得节目组邀请他来参赛也是为了增加整个节目的难度，这其实也是没有必要。

言谈间，维斯已经变出了七八个气球，并试图将它们丢向薇克伯顿。

记者（试图转移话题控制场面）：维斯先生的意志力真是很感人呢！薇洛小姐，作为年纪最小的参与者，您的表现非常耀眼，请问您在节目中的生存秘诀是什么？

薇洛：我有一个万能打火机，而且我不怕黑，所以就不怕大反派黑暗魔王查理。

沃尔夫冈：不要说她的名字啦！人家听了都会睡不着觉！

薇格弗德：女战士兴奋！女战士要和查理战斗！

伍迪（拉住薇格弗德）：薇格，节目以外是法治社会，不能随便喊打喊杀。

维斯仍在制造气球，已有二三十只。

威尔逊：总的来说，我们都很感谢节目组给了这个表现自己的机会，希望未来能继续给大家带来欢乐。

维斯的气球终于击中了薇克伯顿，她愤怒地丢回来数本大书，击倒维斯并误伤了旁边的沃尔夫冈。

沃尔夫冈：哎呀！你把人家砸出血了！！！

温迪：姐姐？

阿比盖尔突然从天而降，众人惊恐。薇洛的头发着起火来。

记者（面对镜头露出职业的微笑）：请各位观众不要走开，稍事休息，我们灭火后马上回来！

Day 6 一个女皇的来信

伊莎贝尔是回合制策略游戏《魔法门之英雄无敌5》（*Heroes of Might and Magic V*）中的人族女皇。在尼克莱国王与伊莎贝尔的婚礼上，传来了恶魔军团入侵的消息。尼克莱紧急出征，而伊莎贝尔在经过必要的训练之后，也随之赶赴战场。在拜会精灵王阿拉伦的过程中，她误中媚姬拜娅拉的圈套，被抓了起来。虽然后来被国王的舅父哥德里克解救，最终还是不能挽回尼克莱被杀的命运。

我亲爱的哥德里克，

希望这封信在一个平静的清晨抵达你的营帐。维吉尔的初春是否寒冷？虽然已经是独角兽之月，邓木尔城依然春寒料峭。所有人都在劝我撤回夏宫，说那里更安全也更舒适，可以让我更好地统治帝国。我从没有解释过，可是你应该比任何人都要懂得，为什么我不愿意离开。

我怎么能够离开？！

距离那天已经一年多了。那一天我匆匆赶到邓木尔，他已经奄奄一息。我将他抱在怀中，他呼出的气息冰冷，咳出的鲜血染红了我的裙子——直到今天，无论什么颜色的服饰在我眼中都是一片血色。他告诉我，他失败了，他要你宣誓尊我为女王。他就那么死了！

可是他怎么能死？威震亚山大陆的狮鹫皇帝尼克莱，他是大陆最英勇的战士，最英俊的情人，最贤明的领袖，就这样被那些蛆虫一般的黑暗生物害死了！

我六岁时就听嬷嬷讲过他绞杀黑龙的事迹，十六岁生日宴夏宫花园月色中的相遇，我们一见倾心。我们的婚礼本该是两个真心相爱的人的完美结合，却被魔王卡贝勒斯破坏！

这些黑暗的蛆虫挑起战争，滥杀无辜，我们的先辈一次次将他们赶回黑暗，他们却一次次趁着月食之机重回人界作难。这一次我不会再给他们机会！

如今全世界都在低语：愿光明之神艾尔拉斯庇佑狮鹫帝国。在尼克莱死去的那一天我就说过，如今我还要对你再说一遍：

我不相信艾尔拉斯，从今以后我只相信自己。我，狮鹫帝国女皇，灵缇女大公，银色城邦的伊莎贝尔，我要以爱人的鲜血，家族的荣誉起誓！我发誓向所有恶魔族群复仇——他们的魔王，他们的亲系，还有犯下弥天大罪，杀害我今生挚爱尼克莱的黑暗精灵阿格雷尔！我的宝剑将痛饮他们的鲜血，我的军队将践踏他们的尸骨，我余生的每一天，我的子孙后代都将永远在诛杀他们的道路上奔驰，直到他们从亚山大陆上消失，永远陷入黑暗，再也无法回来！

你要当心阿格雷尔。虽说我们军队数量占优，但这个卑鄙的黑暗精灵阴险狡诈，你要始终提防。现在神物狮鹫之心不知去向，智者提耶鲁曾和我说过，它也许在魔王卡贝勒斯手上。传说它可以令军队不战而胜，我已派人去寻找提耶鲁，也许他会有法子重新找到这件传说中的宝物。

我等待着你胜利的消息。

伊莎贝尔
七龙纪 967 年
独角兽之月 23 日

Day 7　妖猫传之后宫风云

《王权》（*Reign*）是一款卡牌游戏，玩家通过划左或划右帮自己扮演的国王做决定。《王权》的资料片《王权：王后殿下》保持原有玩法，但主角变成王后。游戏中，无论国王、王后都要在教权、民望、财政和军事四方面做好平衡，只是王后的故事里多了女性和女权的味道。游戏设置了一只通灵的猫妖，能够在必要时刻帮王后取得异教的支持。

玛丽亚和她的名字一样平庸，这个北方贵族的女儿，应该一辈子都在等着这一刻吧：加冕封后。她高原红的脸上喜气快要渗出来，衬得没有血色的小皇帝更像行尸走肉。内务大臣谄媚地趴在地上吻她的脚，新配的侍女心不在焉等着下班。我倚在门槛上，百无聊赖看着宫廷又迎来这年轻的肉体。几百年了，王后们来来去去，不管聪明还是愚钝，没几个善终，真不明白此刻有什么值得欢天喜地。

玛丽亚和主教走得近，几乎成了他的傀儡。在她的枕边风下，国王不但重建了圣母院，还巧立名目设计宗教税。这姑娘质朴得可怜，我试过好几次在她脚边喵喵大叫，想告诉她森林女神的秘密——建立这种原始异教，才能跟教廷抗衡啊。可她一点反应也没有，聚精会神地缝制低调的黑色长裙。没几年，玛丽亚就死了——主教不喜欢看到宗教形象高过自己的人，找了个理由弄死了她。

玛格丽特的心则在这个古老国家实现工业化和现代化上面，这个南方来的王后聪明地平衡着王室和教廷的关系，邀请冒险家、女巫、医生、科学家和吟游诗人共济一堂。王国很快有了强大舰队，一切都欣欣向荣。最让人吃惊的是，她居然学会和我—— 一只长生不老的猫讲话。我告诉她关于森林女王的一切，告诉她女性的力量一直被低估。玛格丽特一发不可收拾，她在各种场合鼓吹异教的法力和慈爱，王室和教廷都很尴尬，军队不喜欢疯女人。不过用不着他们动手，热情的民众被王后迷倒了，他们冲进王宫索要签名，途中发生踩踏事件，玛格丽特被挤死了。

然后是薇薇安、瑞秋、哈罗迪、英格玛、爱玛……玛格丽特王后把森林女王和女权主义思想写成日记，流传下来，但没有一个王后愿意步她后尘，她们见了我都绕着走。不过还是很少有人逃过诅咒。薇薇安和侍卫通奸，被王室处死；瑞秋骄奢淫逸，被人民送上断头台；哈罗迪讲求和平，削弱兵权，结果王国被蒙古人灭亡；英格玛生不出孩子，被打入冷宫；爱玛整天闭门不出，但被国王传染了梅毒，不治身亡……

就当我准备离开王宫，回去丛林的时候。苏西来了，她是冒险家的女儿，颇有男子气概。她一眼就识破了我这个老怪物，每过几天就要来我这里打探一下王宫的历史和秘密。不只是我，她还兴建动物园，把王宫附近成精的动物都关进去，一个接一个和我们对话。

苏西的情人遍布宫廷，甚至国王的猎人都是她的相好。她不知从哪里得来一瓶具有魔法的香水，每到生死关头就喷在颈上，主教、国王、将军、人民，都被迷得拜倒裙下。很多年过去了，苏西早就变成这个国家真正的主人，也成为每个觊觎权力的男人的眼中钉。女人们也嫉恨她，因为苏西轻易就把她们的男人玩弄于股掌。森林女王都变成了苏西的傀儡，在需要宣扬女权、制约教廷的时候，苏西也会装模作样，弄些崇拜祭祀。至于朋友，她只有我，我始终是一只猫，再怎样也抢不到王位。五十三岁那年，国王在狩猎时跌落在沼泽里，一去不返，目击者只有猎人。宫廷里谣言四起，人人都认为这是苏西的诡计。他们并没有错，苏西早就不耐烦这个没用的丈夫作威作福。她在祭典中宣布要做女王——这个王国历史上头一个，没人敢说一个不字。

这是权力的顶峰。五十三岁的苏西在深夜的寝宫饮酒庆祝，我不小心挡了她的路，被她狠狠一脚踢到窗边。我不过是一只会说话的猫罢了，又算什么呢？我舔舔爪子，终于决定离开王宫，并没有提醒苏西那酒里有她儿子下的毒。

新的国王加冕。又一年，新的王后进入宫廷，这一次，我连她的名字都懒得问了。我搬到苏西的动物园，从此不再和人类说话，真的只是只猫了。

Day 8 亡命之狗

《潜行者》(*S.T.A.L.K.E.R.*)是乌克兰游戏制作人发行的一款射击游戏，游戏的背景是在一个平行世界里，切尔诺贝利核电站再次发生核泄漏，附近的人、动物、植物都被核辐射剧烈影响。潜行者们闯入废墟，希望能找到自己想要的东西。潜行者需要随时保护自己，同时与变异的人、动物以及有毒的环境抵抗。

如果有天，你从梦中醒来，外面的世界没有一个人。公园里的摩天轮不再转动；食堂的饭菜已冷，但没人去吃；垃圾遍地，塑料袋随风飘扬。你害怕吗？或是高兴？会孤独吗？想逃亡吗？

那是我们的每一天，我们生活在切尔诺贝利，是一群自生自灭的野狗。核电站刚刚泄漏的时候，我们的祖辈还很骄傲：核电站附近的人类很快死去，来救援的人穿得像熊一样，在外围不敢进来，而我的爷爷奶奶，却可以自由无碍地奔跑咆哮。原来我们比人类的适应能力要强出那么多。这些自掘坟墓的蠢蛋，万万想不到核战争最后造福的是我们这些畜生、宠物、"人类最忠实的朋友"吧。

也有些人"活"了下来，但核辐射让他们的某部分生理机能退化，另一部分则加强，他们外形可憎，头脑不一定不清醒。一开始他们还有着人类的尊严，不懈与禽兽为伍，努力等待着被他们的同胞营救出去。这期间有人发生了又一次变异，兽性吞噬了人性，他们茹毛饮血，见到活物就会捕杀食用。他们没有清醒地等到人类科学家和军队再次进入切尔诺贝利，太晚了，因为对后者来说，变异人不是人，而是异形一样危险但具有科研价值的猎物。迟来的军人们不是抬枪狙击变异人，就是把他们抓捕回营地供科学家解剖。

那时候我们以为不幸是属于人类的，现在想想也太天真，核辐射并没有放过谁。第二代狗儿的视力急速下降，我的父辈们饿死在觅食的路上，因为他们看不清路，看不清一切。到我们这代，已经全部成为盲犬，还好"进化"让我们的嗅觉和听觉异常灵敏。你能想象一群盲犬跑起来如一阵旋风吗？这也让军人开始警惕我们，不晓得他们是害怕变异本身，还是害怕速度。总之，我的兄弟姐妹们有不少都挨了枪子儿。我们学会了集体出动，狂吠着奔跑在枪林弹雨之中。

我们的攻击力不强，有时要依赖我们的大哥"类犬"。类犬其实不是狗，我感觉他个子稍稍比我们大一点，其实更像狼和熊。他不但不瞎，脾气也很差。一旦有人类敢进入他的地盘，他就像吃了炸药一样跑过去撕碎他们。有些类犬有一种特别怪异的超能力，他们能在人类脑中制造幻想，让人类看到更多不存在的类犬，从而被迷惑和惊吓，人类叫它们"心魔狗"。我曾经疑惑过，一样是变异，为什么心魔狗变得这么牛。一只叫"鲜肉"的大眼睛猪告诉我，心魔狗不是受到核辐射后才变异成这样，在核电站出事以前，人类已经在拿狗做生物实验，这只是实验的结果罢了。说到"鲜肉"，你们可千万别以为那是一种长得像 EXO 或 TFBoys 的粉嘟嘟小猪猪，鲜肉其实长得像得了麻风病的猪身比目鱼，攻击力超强。

不管怎么说，跟着心魔狗，逃生容易了很多，有时还能找到些肉吃。其实心魔狗又有什么可怕呢？人类恐惧的不过是恐惧本身罢了。我们这些面目狰狞的非兽、非人，满身是疮，皮毛也没剩多少，之所以这么骇人地嘶叫，也不过是为了活下去。谁愿意生下来没有视力，谁愿意身上、脸上千疮百孔？谁愿意生在切尔诺贝利，一代又一代……

Day 9　龙到中年

库巴，别称大魔王，是日本游戏设计师宫本茂设计的一个虚构游戏人物，是马里奥系列（Super Mario）中继大金刚之后的第二个敌人首脑，为库巴国的独裁国王。库巴居于库巴城堡中，是马里奥最后关卡要解决的最终敌人。由于鲜明的形象与系列游戏的热卖，库巴已是电子游戏史上辨识度最高的经典反派之一，吉尼斯世界纪录也于 2012 年将库巴列为电玩史最伟大的反派。

总的来说，龙到中年的库巴日子过得还是比较惬意的。

他有房（像素城堡），有老婆（碧奇公主心情好的时候也算千娇百媚），身体强壮（那一身腱子肉很是壮观），颜值过关（要不然碧奇作为一个公主也不会次次离家出走之后又快快回来），名声在外（不知道怎么就被全球人民认识了）。要说不爽只有一点，就是马里奥对他们全家长久、持续、不友好地纠缠。

"我也不知道是怎么得罪了他，总之这种骚扰早在1985年就开始了。"面对《第九区》杂志的记者，库巴苦恼地说道，"起初他只是喜欢在我家附近晃来晃去，为此惹恼了不少邻居。龙婆婆是多么古道热肠的大婶，也被他烦得在大门口装上了监控。后来不知哪天起，他就盯上我太太碧奇了。"

"我太太这个人吧，个性是作了一点。但是可以理解呀，人家一个白富美，还长了一头金色大波浪，公主两个字写在名字里，她不作谁作？！"

库巴太太名叫碧奇公主。她肤色白皙，身材苗条，常年身着粉色长裙，心情好时热衷跳健身操，心情不好时喜欢闹离家出走。

"她也不是真的走，怎么说呢，就是喜欢堵在家门口大声宣布她要走。"

"可能就是这个时候让马里奥给惦记上了吧。他老是试图跟我太太套近乎，尽管她多次清楚说明：离家出走几次也是会快快回到我身边的，是与马里奥无关的。他却不知中了什么邪，一有功夫就往我家跑。"

"偏偏他还特有空，"库巴简直不能理解，"水管工的工作就这么清闲吗？"

对于老公的烦恼，碧奇公主有着别样见解。

"那个马里奥啊，就是癞蛤蟆想吃天鹅肉。"碧奇公主一边翘着指头欣赏自己新做的粉色指甲一边说，"不过我是没那么烦他啦，毕竟他也没造成什么实质性的破坏。"

更何况没有观众的离家出走算什么离家出走。碧奇公主自有未说出口的小算盘：自己已经省略了走出家门的那一步，那么就万万不能少了捧场的群众。

只可惜作为群众演员，这马里奥着实有些上不了台面。红头发，黄胡子，五官整个糊成一片马赛克——碧奇公主又望了望自家威猛高大的老公，更坚定了自己的选择——来骚扰妇女都不知道换身衣服，穿个工装裤就想往人家里闯。

会跟你走才是有鬼呢。碧奇公主默默翻个白眼，转身飘然而去，只留下一抹粉色的背影和一声清脆的娇语："老公，晚上吃烧烤哟。"

烦恼嘛，家家都会有一些的。总的来说，龙到中年的库巴对自己的生活还是很满意的。

Day 10　快乐是一种病

在战略模拟游戏《瘟疫公司》（*Plague Inc.*）里，玩家需要将某种"病毒"传遍整个世界。游戏使用了能让瘟疫变得更真实的传染病模型来进行，开始时玩家拥有一种还没有人被感染过的病原体，需要透过"改良"病原体让所有人感染；但科学家会研发解药，因此玩家还要赶在解药研发完或者开始研发之前完成目标。

多年后回忆起那场瘟疫，科学家们还是心有余悸。

XMA-3 病毒，一种只存在于实验室的 CDC 四级病毒，在 2085 年 12 月 16 日的一场实验事故中泄露了。

事故地点是位于 HX 国首都的传染病研究院。事后责任追查时发现监控坏了，所以没人知道这一切是怎么发生的，只知道"零号病人"应该是当时的值班研究员乔伊。事故发生后，他打扫了现场，隐瞒不报，连夜出逃。

媒体一致认为这是一起有意为之的人祸。

"快乐是一种灭绝已久的疾病。作为一名将毕生奉献于传染病研究的科学人员来说，这些远古疾病有着致命的吸引力。"非正常人类研究院院长欧内斯特这样说，"更何况，当时社会正处在极致和谐的状态，全民都在忙生产忙工作，没有集会、社交、庆典这些不必要的聚众现象，别说快乐，就是流感都很少见。科研人员为了给自己找点事做，以身试病，也是法理之外情理之中。"

"只是没想到这个病的进程那么凶猛，实验一下子就失控了。"

快乐，是一种由 XMA-3 病毒引起的烈性传染病。这种病毒能够在极短的时间内突破血液和免疫系统的壁垒，直达患者脑部。这种病毒的凶险之处在于，它们会利用患者脑细胞进行大量自我复制，传染力极强，简单接触就会造成感染。同时，病毒直接作用于患者脑部，会造成一系列加剧疾病传染性的症状。病毒分泌的瘦蛋白阻滞剂导致宿主失去自控，做出反常举动，曾经在法律法规严格控制下的各种欲望和需求会被成倍放大，导致人们不再压抑自身，而是开始尽情投身于各种娱乐享受。受病毒影响，宿主神经系统会大量分泌各类荷尔蒙，成倍增长的肾上腺素、多巴胺、催产素和褪黑素使患者的情绪更加丰富，情感需求增强，从而导致满足感、友谊、爱慕、社交需求等一系列降低工作效率、加剧病毒传染的症状。

通过后来分析，"零号病人"乔伊应该是在事故后连夜逃往了西部。可惜实验室并没有在第一时间意识到问题的严重性，以为只是简单的旷工事件，等到西部卫生部门有所觉察时，整个地区已经呈现出一派喜气洋洋的状态，各地欢歌笑语，停办多年的木卡姆、那达慕等少数民族集会此起彼伏，短短几个月被重复举办数十次。快乐被传遍了整个西部地区，并越过国境线，几个邻近国家都沦陷了。

眼看局势失控，HX 国政府立刻上报世界卫生组织，并请求国际社会的援助。

"当时的情况是这样，一旦瘟疫在更大范围内爆发，世界各国政府根本控制不住局面。"卫生部部长米斯里这样说，"XMA-3 的最典型症状就是会唤醒人们被压抑的幸福感，快乐的患者们不但不愿意工作，甚至不愿意配合治疗。他们被病毒所控制，有的地方甚至出现了健康人主动接触病患、患者故意感染全家的事件。"

"不到一年的时间里，HX 国就已经被快乐占领，全国人民都被幸福感冲昏了头，解药研究没有任何进展，民众普遍要求放弃治疗。"世界卫生组织的总干事瑞迪克勒斯回忆道，"关键时刻，是国际社会所表现出的空前团结拯救了人类，欧美各国政府表现出了大国应有的姿态。我们的社会所创造的财富是建立在通过自我约束、压抑而达成的效率最大化之上的，快乐所导致的种种症状动摇了我们现代社会的根基，各国政府都有义务投入到这场消灭它的战争中去。"

这场对抗快乐的战争一共持续了数十年，人类社会付出了巨大代价，但最终还是胜利了。此后，世卫组织将 XMA-3 病毒标记为"毁灭性"，要求全球实验室都销毁标本，杜绝瘟疫再次爆发的可能。

快乐是一种已经被消灭的疾病，每一个孩子都被这样教导。

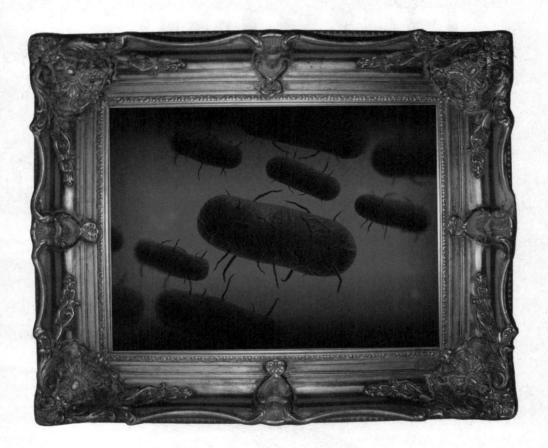

INTERVIEW WITH NEW MEDIA ARTIST LU YANG

艺术家陆扬：
真正有趣的精神性内容，
可以不受时空限制

采访

刘晋锋 张可

陆扬：1984 年生于上海，中国美术学院新媒体艺术系硕士研究生毕业。她的艺术作品涉及宗教、生物学、神经科学、心理学、医疗科技等方面，并以装置、编程、游戏、录像等作为创作媒介。其作品曾参与 2016 年蒙特利尔国际数字双年展、2016 年利物浦双年展、2015 年第 56 届威尼斯双年展（中国馆）、2014 年第五届福冈亚洲艺术三年展、2012 上海双年展等国际重要展览，也曾在克利夫兰当代艺术馆、上海纽约大学美术馆、北京尤伦斯当代艺术中心等机构举办展览。

作为国内新媒体艺术家的先锋人物之一，陆扬擅长通过影像、装置、程序、游戏等媒介，极富创造性地借助科学理论，用幽默的流行文化语言表达人类经验。她近期在北京举办的"脑髓天国"个人展览，融汇了嘻哈、电子舞曲、朋克、视觉系、游戏、动漫、御宅文化等辨识度很高的亚文化元素，营造出一种如梦似幻的鬼魅氛围。

从充满传统教堂仪式感又运用最新动作捕捉技术的《电磁脑神教》，到基于自己形象构建的《陆扬妄想曼陀罗》《陆扬妄想罪与罚》等作品，陆扬展示了自己对心灵与精神机制的探索并将这一过程视觉化。她解构自己的身份，在不同的作品中幻化成新的肉身：巨大的风筝、无性仿生人、地狱之门守护者……陆扬曾在访问中透露，奶奶的佛书为小时候的她打开了一片新世界，令她相信鬼神和超自然，只是在不同的文化环境中，会给鬼神以不同的称谓。

另一方面，超级英雄街机游戏《子宫战士》、八位像素怀旧风《癌宝宝》MV，以及利用增强现实技术与观众互动的《忿怒金刚核》等作品，无一不体现了电子游戏美学和互动性，这也是贯穿陆扬作品的基本脉络之一。尤其在《子宫战士》街机游戏里，陆扬将"子宫"这一器官化身为一位性别不明的超能战士，让其脚踏卫生巾滑板、骨盆飞行器，以"经血"为武器作战。这件作品以电子游戏为载体，探讨的是隐藏在身体、生殖和性别背后的暴力符号与意识形态。

借着本次展览的机会，我们和陆扬聊了聊电子游戏与妖怪文化。

第九区：你平时爱玩哪一类游戏？游戏吸引你的地方是什么？

陆扬：平时因为工作太忙，不敢安装太耗费精力的游戏，一般就是在等（作品）渲染的时候打两局《消消乐》，这样不动脑子就可以放空，很爽。适合工作间隙的时候打，而且血满了最多只能打 5 局，有效制约我不浪费工作时间。

第九区：你喜欢过的游戏作品中，最喜欢哪个角色？给你留下了什么样的体验？

陆扬：《真·女神转生》里面的妖怪设定我都很喜欢。金子一马做的那些妖怪设定，可以在里面看到很多其他文化元素的融合。另外一个很喜欢的游戏是《阿修罗之怒》，里面有神佛驾驭着宇宙飞船在太空中打斗的场面，很赞；而且空间站的设定和人物设定结合在一起感觉像高达大战东寺造像，整个游戏设定背后隐藏的关于宗教和宇宙的概念很有意思。

第九区：看你作品也有一种"文化大爆炸"感，不同的文化理直气壮地交融在一起。正如你喜欢金子一马的妖怪设定，你是不是也喜欢各种文化元素相互融合？

陆扬：我觉得是一种对文化的宽泛性喜好吧，说白了，就是兴趣爱好广泛。我不喜欢给东西贴标签，所以自己觉得有趣的东西都可以去了解、去追逐啊。

第九区：妖怪重新在游戏中复活。《真·女神转生》和《阿修罗之怒》都将妖怪与电脑网络等现代要素结合在一起，思考现代人的精神困惑，你觉得这个时候传统神话的精神内核还重要吗？

陆扬：真正有趣的精神性的内容，不会因为时间的过滤而失去意义。凡是有趣的都可以不受时空限制。

第九区：《子宫战士》街机游戏里的 boss 是如何设定的？

陆扬：这个游戏里面所有的 boss 都是由日本游戏美术师鸽田拓也（Tokita Takuya）设定的。比如游戏里的 XY 染色体关卡，有男怪兽和女怪兽两个 boss，当你搜集了足够的染色体后发出染色体攻击，男怪兽被打得基因突变，变性了，就变成了女怪兽；然后女怪兽随便打两下就挂了，特别弱。

第九区：在你的作品中有很多宗教元素。有位研究电子游戏的经济学家说，

如果人生是游戏，那么宗教就是游戏攻略。你同意他的说法吗？

陆扬：我不知道啊，我觉得选择宗教内容是如人饮水，冷暖自知。找到自己觉得对的地方，然后慢慢拼凑自己的世界，看各人选择。

第九区：现在的游戏越来越趋向于在开放的世界内自由探索，作为艺术家，或者说作为一个表达者，你如何看待"自由"与"限制"？

陆扬：对我来说，"自由"就是还能尽情地创作自己的作品，这是我最大的自由了吧。我经常活在一种"侥幸"的感觉里，侥幸今天没生病，没穷到吃不起饭，还能创作；侥幸今天没人找我，然后可以不受打扰地工作；侥幸没有其他乱七八糟的事来耗费我的精力，我还是有时间可以工作；侥幸活过了今天，明天可以持续工作。前面说的那些"侥幸"就是我认为的"限制"吧。

第九区：未来还会有采用电子游戏形式做作品的计划吗？比如 VR 游戏？

陆扬：只有我觉得合适的时候才会用，我从来不会因为一个比较热门的媒介而创造相应的作品的，因为创作的核心还是作品里的世界和传达的精神。无论世界科技多么发达，人总是要死的，再高级的技术在宇宙范围内都无足轻重。但是，一定要做一个 VR 游戏的话，我非常想做恐怖游戏啊！

第九区：为什么非常想做恐怖游戏？能否简单描述一下你想做的恐怖游戏？

陆扬：我从小喜欢看恐怖片，看得我现在长大了，好像看啥恐怖片都没感觉，一点都吓不到我。既然已经无法从大多数恐怖片中获取快感，那么 VR 游戏比较能身临其境，我觉得这个用在恐怖游戏上应该可以治疗我们这种"神经赝足患者"。我觉得自己这种水平的承受力做出来的恐怖游戏，一般人肯定会被吓破胆吧，哈哈哈……希望有游戏公司可以找我合作恐怖游戏，绝对不会让你失望！

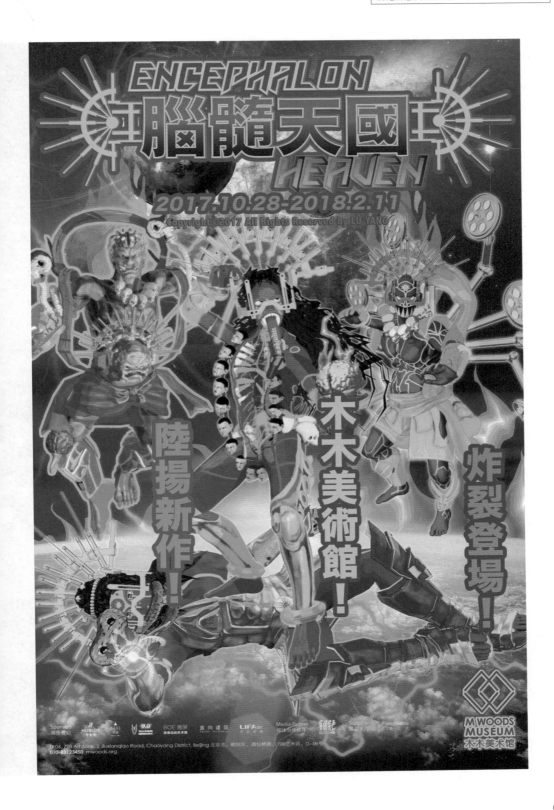

A PRACTICAL GUIDE TO GAME WRITING

游戏编剧实用指南

文	译
达比·麦克德维特	葛思佳

达比·麦克德维特（Darby McDevitt）是《刺客信条》系列游戏首席编剧，现任著名游戏开发商育碧（Ubisoft）旗下育碧蒙特利尔工作室（Ubisoft Montréal）叙事总监（Narrative Director）。

《黄金大镖客》

这一年（编者注：2010年）出现了很多精彩绝伦的叙事游戏——它们叙事宏大、气势磅礴、操作顺畅——而我也在几个最佳游戏里浴血奋战了一回。

这几个月里，我曾化身为一位被流放的佛罗伦萨贵族，渴望在文艺复兴时期的意大利报仇雪恨；也伪装成一个洲际旅人，和虚荣膨胀的勇士寻找消失的宝藏；还作为一个满身战斗伤痕的孤独者，穿行在美国西部的荒野里，为尊严而战，最终又回归家庭。

许多外行人看来，这些经历听上去千差万别，可我认为这么说只对了一半。这些角色都得到同一把舒适大伞的庇护。那就是：每个游戏的主角——我的虚拟形象——都是一位杀手。

也许用杀手这个词并不公平。毕竟，这些人的道德观念都是正面的。但是实际历史中没有哪个人身上背的人命超过艾吉奥·奥迪托雷（《刺客信条》的角色）、内森·德雷克（《神秘海域》的角色）和 约翰·马斯顿（《荒野大镖客：救赎》的角色）。残酷的现实就是，这些人都是高效的杀手。

他们杀的人没有成百也有好几十，杀敌之数远超交友之数。为什么？因为这样太有意思了啊。杀戮这种行为在游戏中其实是得到鼓励的，因为它完美适应了游戏机制的计算方式。死亡是一种布尔运算：一个东西要么是死的，要么是活的。于是决定胜负的方式变得简单。你死了？那你就输了。对手死了？你就获得了胜利，继续保持。（作者注：约翰·马斯顿这个角色杀了 910 个人，其中 74% 都是在《荒野大镖客：救赎》里完成的；相比之下，比利小子简直是个"遵纪守法的好公民"——传闻杀敌数 21，实际数字大概 4 个）

大多数游戏制度都是建立在现实行为之上，你会发现同样的评判标准几乎放之四海而皆准：成功的条件总是明确而果断的。跳跃、出拳、疾跑、射击，还有拉动开关，所有这些行为都会计入得分或者得到精确测量。

暴力有一点好处：让冲突有了明确的指示物。所以它能被主流游戏制度广泛接受是十分正常的。这是几百年来的趋势。象棋和围棋游戏也需要"俘虏"敌人才能得分。发展到彻底杀死对手，任由尸体腐烂是迟早的事。

游戏杀戮仍是一个敏感话题，但是我个人对于当前把暴力当成一种游戏机制并没有感到太多道德拘束——游戏中的暴力无处不在，效用极高，似乎是它选择了我们而不是我们选择了它。

那么问题出在哪呢？

然而我担心的是，夸大杀戮数量造成的损失破坏了众多游戏叙事的强度、质量和严肃性。谋杀把我们变成了糟糕的叙事者。这大部分要归咎于一点：当前游戏叙事的潮流是真实可信。现在有太多的电子游戏主角都像人格分裂，在宏大细腻的故事以及我们在剧情中创造的单纯暴力之间撕裂。

上述提到的三个故事里的故事线都很经得起推敲，它们隐晦且充满情感力度。但是当玩家参与到游戏中时，这些叙事起伏就会被抛之脑后，取而代之的是更加程式化的表现方式：奔跑、骑行、跳跃、躲闪。杀死或被杀。

确实《刺客信条 2》和《荒野大镖客：救赎》都努力强调主角并不喜欢杀戮，而游戏中的暴力让这些警告更像口是心非的说教，正如电影《角斗士》通过暴力景象带动剧情来体现电影核心的"反景象（anti-spectacle）"。

如果我们无法克服这种持续的矛盾，游戏叙事就很难得到严肃对待，因为即使故事变得严肃，游戏剧本依旧荒唐放纵。

在现实生活以及最优秀的文学和电影作品里，死亡通常是一种不幸而悲惨的事情，它们在大多数情况下代表着失落或失败。但是在游戏里——除非是过场里的角色——死亡如打喷嚏一般寻常而微不足道，并且常常是值得庆祝的。因为它代表一方胜过另一方。如果游戏试图兼得两者，玩家会怎么想呢？一个沉重悲惨的故事，还是一段血腥愉快的时光？

对初学者来说，我们可以通过在故事和游戏剧本之间创造更稳定的融合来弱化这一问题，从而为游戏机制注入更宽广的叙事力。很不幸，这一点好说不好做。调查当前的游戏机制已属不易，人物活动的设计者在转化剧本时还会受到自我强加的限制。

假如设计师想要制作一款叫做《最后的关系》的游戏，游戏的唯一目标就是在人生最后时期安慰虔诚的患癌爷爷，那么设计师在制作实际挑战时会非常头疼，情绪、道德、同理心、宗教、文化身份种种因素，都难以转化为迭代机制，因为这些因素主要是心理或内部因素，并没有明确的胜负之分。

尽管听上去不切实际，Airtight Games 的设计师 Kim Swift 就在今年（编者注：2010 年）的卡玛实验游戏工作室接受了类似挑战。注意"实验"二字。

想要为一款游戏注入痛苦和哲理时，通常会在过场上下功夫。过去几十年里，这一定式思维产生了一种不好的后果，它分割了游戏设计师和编剧的利益和优先权，把二者分为两个阵营——他们在合作，却很少关注同一个问题。

造成这种分裂的征兆已经被注意很多年了，尽管人们并不总能找出正确原因——正如 Kotaku 的一篇文章所述：

大多数电子游戏都是在设计完成之后再创作剧本。编剧入组通常只是撰写对话和说明。只有不懂编剧工作的人才会对编剧的才华产生这种误解。

《刺客信条》

这是一种宽泛的控告，但只有一部分是正确的。尽管这种情况确实会发生，但知名游戏公司很少会采取这种工作方式。Bethesda、Ubisoft、Naughty Dog、BioWare、Valve 等游戏公司都会和设计团队一起仔细打磨叙事。

作为 Foundation 9 Entertainment 的内部编剧，我感到很幸运，我接手的大多数项目能从设计的第一天就参与其中。

但是还有一个重要的问题亟待解决：即使在理想状态下，游戏编写仍然经常质量低下、笨拙而不和谐。为什么会这样呢？

项目视角

游戏编剧的一个困扰源于在制作组内缺乏合理的身份。最理想情况下，编剧应被当作个人任务的设计师。好的写作就是设计，无论是在解决关

《神秘海域》

卡、游戏走向、新角色能力发展还是介绍新角色方面，这些设计对整个游戏叙述方式都会产生关联影响。设计师们时常会惊讶于一个看似细枝末节的地方对整个故事轨迹产生的影响。不幸的是，比起完整流畅的故事，合理的机制设计通常对整个产品更为重要，比如《超级马里奥》。它的每一部续作都证明了这一点。没有良好（或合理）的故事，游戏依然可以有趣，但好故事配上糟糕

的游戏剧本则注定失败。

与之关联的另一个障碍就是，游戏机制设计用到的重复次数通常和故事设计差不多，但是二者在同一个项目里并不总朝着相同的方向发展。

后期设计重复发生之时，后果可能非常严重。

举个典型的例子，一位客户要求我们团队对我已经完成的关卡叙述做出一个小小的改动，于是某个机制就要做出极巨大的改变。

他的举动忽略了我的故事发展，但是从设计角度这是一个相对合理的想法；最后游戏节奏也确实更加合理。我在后来几个星期内快速重写，也巧妙地隐藏了某些叙事上的不搭，但是叙事已经不像最初那样经得住推敲了。

即使是在项目进行顺利的情况下，游戏编剧也经常被要求创造奇迹，要求把一个有明显情绪起伏的宏大故事安插在剧本有限的需求内。

我需要在重复情节出现之前设立多少屠杀、追逐、解谜才能为叙事增加更多色彩？如果只是追求浮夸，我可以忽略玩家，写一个已经在我脑海里酝酿多年的注定失败的电影情节，但是很多时候，玩家确实希望能够真实地参与到游戏之中。

还有别的什么选项吗？也许我们可以学习《神秘海域 2》的设计，利用团队的强大投资以一种复杂的"一次性"交互方式推动故事。但是即使这样，玩家的主要活动就是在适当指引下进行奔跑和射击，而我要做的就是找到将它们串联起来的恰当方式，然后一遍一遍地重复。

对很多人来说，这就够了。如果设计师已经完成工作，这类重复会非常有趣——创意十足的重复情节是构成好游戏的支柱之一。但是从讲故事的角度来说，这只是无用功。

在英国喜剧节目《Saxondale》的第二季里，有一个屡次出现的笑话完美诠释了许多电子游戏过场里制造的无心插柳式的搞笑氛围：每一集里，汤米溜须拍马的邻居约翰逊都会穿过街道，假意开始一

《黄金大镖客》

小段闲聊。汤米不得不忍受无聊的对话，他知道约翰逊最终肯定是有事求自己。

每次对话结束时，邻居和汤米道别，转身要走……然后"突然想起"什么事，他就会捻着手指，边绕动手指，边莽撞地提出自己的真正目的。

同样杰出的游戏还有《荒野大镖客：救赎》，我想应该有很多玩家并不质疑约翰·马斯顿一遍又一遍地为落魄艺术家提供枪支和马匹背后的动机。类似的场景设置可以提升真实感，丰富主角的人物性格，这也体现出剧情背后的精心构建的游戏架构。

虽然知道"任务介绍"的作用，但我还是很讨厌它们。游戏里大多数故事时刻——无论是悲剧、喜剧、英勇、搞笑还是温柔——通常会总结为玩家下一个目标的介绍。由于这个目标必须顺应现有的游戏机制，这些场景的总结就显得很刻意或陈腐。

想象莎士比亚剧作里的每一个单独场景都以斗剑或追逐结束，你就明白了。对话可能设计得很好，但是故事情节变成了曲调相同的断奏。

剧本强加给编剧的需求必须引起注意——这种需求小说家和电影制片人可以忽略——它会制造出强制冗余的瓶颈。看到 Rockstar 的编剧总是把每个任务介绍做成机械格式化的"快来啊，和我一起去完成 X、Y 和 Z 吧！"，我总感到幸灾乐祸。他们非常擅长一遍遍掩饰本质相同的内容，却不能完全去掉它们。

接受挑战

我有一个鲁莽的问题：所有的被动叙事顺序都值得这么大费周章吗？毫无疑问，这些场景都是经过专业打造的。尽管所有的投资开发商都喜欢通过影视顺序呈现剧情复杂的故事，但是玩家最喜欢的还是由编剧创造的参与游戏时的小故事。

《生化奇兵：无限》

我们喜欢品味个人的胜利时刻，回顾我们做出的决定以及自己创造的独特经历，即使这些并不像游戏过场里的故事那样稳健。这就是为什么 YouTube 视频网站上充斥着游戏流程视频，各种"最佳"视频剪辑，怪异的搞怪集锦；玩家们沉醉在自己创造的成果之中。

但是仅仅依靠游戏机制的狭隘设置，开发商就限制了玩家自己可以创造的体验。大多数现代游戏只需要杀戮、攀爬和跳跃到安全区域就能够开启感人的重逢、精彩的性爱场面以及一次又一次的突破。

直到编剧和设计师双方结合才能共同寻找一种更自然的方式去拟定规则，经过优化的视频和对话才能真正提升这种媒介的层次。

虽然这点有争议，但是我坚信游戏的主体是玩家的活动，而不一定是故事或主题。我猜这就是游戏圈子经常质疑自己最爱的游戏在饭圈以外不知名的原因了：如果人们对某个不熟悉的游戏感到好奇，他们通常会查看游戏剧本来了解主题。

近期有人反对《生化奇兵》获得的褒奖，说它是"兰德式客观主义"的失败，哀叹这款游戏无法让非玩家理解其精妙之处。我觉得这种说法说得太含蓄了。《生化奇兵》的"主题"就是在敌对环境中活下来，并杀死那些想加害自己的人。

《暴雨》

引人入胜的故事是背景的一部分。事实是，即使玩家忽略大多数串联剧情的故事情节，也能继续玩《生化奇兵》。游戏机制中萌生的"意义"要优先于任何外加的故事元素。

当故事和游戏剧本不和谐时，胜出的一方通常是游戏剧本，正如游戏设计师索伦·约翰逊在他的文章和演说中提到的那样，主题并不是意义。但是当两者处于同一阵线时，我们会感受到更强大的力量。游戏业编剧和设计师应当发现工作的共同点，并加以延伸，而不能一遇问题就各自撤退回自己的角落。

传统的图像冒险游戏能够更好地弥补这种叙事和游戏剧本上的鸿沟：它们节奏更合理，有更多的转述叙事互动，故事也比大多数当代动作游戏更引人入胜。比如《东方快车谋杀案》《冥界狂想曲》《宇宙传奇》《古堡迷踪》《暴雨》。

但是这是在牺牲剧本的深度和设计感以获取叙事质量。冒险游戏是建立在动态机制上的——解谜以及长对话都只能用一次——更适合的称呼是交互式故事。这并不会消耗它们的价值，但它确实强调了一点：天衣无缝的杰作需要迭代机制和游戏剧情两方面的结合。

这是一个值得尝试的挑战，我相信只要设计师和编剧能够戒掉沿袭下来的传统戏剧形式，并通过游戏机制

《旺达与巨像》

找到更好的叙事方式，不要预写游戏剧本的顺序，就能够最大限度地发掘游戏叙事的潜能。

光明的未来？

一点一点地积累，我们终于看到了未来趋势的迹象。目前为止最大的成功就是开放世界游戏里的探险机制。无须任何多余的阐述，只要几十个奖项就能顺利帮助玩家尽情探索神奇世界，轻松探寻地理景观和隐藏历史，随心所欲地创造自己的故事。

《辐射3》《荒野大镖客：救赎》《旺达与巨像》的设计与制作就利用了适当的细节，

激发我们的想象，让我们自由地创造个人专属的游记：我探索了残破废墟，然后沿着河床到达一个湍急的大瀑布，瀑布后面是一个幽暗的洞穴……

当然还有许多其他的创意：《时空幻境》里的时间操控，除了天马行空难以抗拒的魅力，也是十年内故事结局达到顶峰的代表之作。当上田文人为《古堡迷踪》植入"手持式游戏机制"时，便创造了一种能够增进游戏剧本和人物关系的活动。

《转转小机器人》（ *Chibi Robo* ）利用几个简单的家庭清洁机器讲述了一个小机器人设法鼓舞遭逢变故的家庭的故事。《荒野大镖客：救赎》终章柔和动人，既消解了游戏的大部分暴力倾向，也成就了当年的最佳结局。

《模拟人生》系列调动了数百万潜在建筑师、规划师、农民、工匠与学院心理学家的创造力，并且凭借百万玩家自身的幽默以及奇思妙想创造了数以百万计的各具特色的故事。如果游戏继续鼓励《模拟人生》和《上古卷轴》这样的作品，我觉得可以说我们在走向一个有趣的未来。

这只是众多伟大案例中的一个小样本，也是一个很好的指示。这意味着开发者们逐渐意识到，好的编剧不仅限于俏皮话，好的叙事也不需要夸张的描述，而是能够从玩家行为中演化出来。

游戏叙事和机制的进一步巧妙结合需要那些愿意看到游戏业以外的人，透过先前的陈词滥调利用复杂精巧的想法寻求新的激励，并做出大量实验和总结失败经验，发展出能够提供新内容新体验的机制。但是时间会证明一切努力都是值得的，致敬所有付出自己虚拟生命来达成虚拟目标的虚拟人物。

（原载 Gamasutra，经作者授权翻译刊登）

THE DEATHS OF GAME NARRATIVE

游戏叙事之死

文	译
达比 · 麦克德维特	葛思佳

达比 · 麦克德维特（Darby McDevitt）是《刺客信条》系列游戏首席编剧，现任著名游戏开发商育碧（Ubisoft）旗下育碧蒙特利尔工作室（Ubisoft Montreal）叙事总监（Narrative Director）。

《合金装备》

电子游戏编剧是一类经常被误解的职业。即使在最理想的环境下，编剧的工作也常被当做为设计师们搭建的砖瓦缝隙之间糊上砂浆，时不时加上几句流行语，搞搞怪。

因为一些团队成员某种含糊的"执念"，游戏编剧这一职位还会进一步边缘化，他们会以为，编剧们只想在游戏里填满那些浮夸的、《合金装备》里面占满整个屏幕的过场动画，以及从我们长达 450 页的手稿里弄几十串累赘的花边。

我希望帮大家厘清一个概念，一个显然经常被误解的概念：写作就是把文字组成一串串有意义的字符。

事实显然不是这样，但是不知为何，游戏业还是有很多人让这种看法成了成规，而且令人失望的是，这种误解在过去几十年里影响了相当多的游戏。

只要数一数你心爱角色说过的话就会知道，那些烦人的双关语和生硬的说教——编剧受雇编写游戏的时候，会接二连三地被禁止改动游戏的节奏、背景、角色动机、人物情绪和语气，于是编剧们只能抄起自己唯一剩下的武器：牵强的俏皮话和宏大空洞的心灵鸡汤。

合作游戏所体现的精神本应包含编剧在内，事实却似乎恰好相反。

《合金装备》

事实却是，我们并不想把你的游戏里塞满不知所云的独白，也不想编出做作的好莱坞式史诗情节。游戏编剧们只是想帮助游戏设计师创造出一种沉浸的、交互对话式的体验。无论是否有对话或是角色，我们只希望游戏能有一个有趣的开始，然后经历一些情绪起伏，最后到达一个甚至更有趣的结局。这种事我们也很擅长。

当然也不是所有游戏都需要叙事弧，但是叙事弧确实是很多主流主机游戏的共同特征，现如今，如果编剧想要参与这些游戏的剧本编写——编剧的内容与主要设计师或制作人相左——那么某些"位高权重"的人就会对此"颇有意见"。

但其实这种事情发生的频率也没有你以为的那么高。如果你真的在现场看到游戏编剧活动，那么你很幸运，因为他们仍是许多游戏制作人——那些人的眼睛总是盯着利润——眼中不可或缺的"奇货"。请允许我说一句，在许多情况下，这类制作人的做法是正确的。

如果一个游戏热门又有趣，但是叙事糟糕透顶，那么多数玩家就要忍受糟糕的叙事。但是游戏剧本很烂的话，即使是好游戏也会很快就被束之高阁。我尊重也支持这种优先顺序。剧本第一 —— 这是一条黄金准则。

然而，如果某种叙事形式恰好在你负责的游戏里有着重要的地位，那么你的处理方式应该和其他设计元素一样，而不能把它看成一个单独的部分，这一点至关重要。所以说，如果你们团队大胆地采取更多步骤搭建了一个叙事导向的游戏，那么你可以采用很多防范措施来安排工作，防止故事（以及编剧）淹没在更改过无数次的设计文件里。

最重要的一点是要做出一个简单的概念改变：把编剧当成助理设计师。从一开始就让他参与到设计过程中。即使他可能并不是一个经验老道的专业设计师，好的编剧也能在触发即时体验上帮上大忙，从而为剧本提供多样性并且自然衔接叙事过程。重申一次，编剧不只是写出好词佳句——剧本创作也有关叙述形态、动机和节奏，也就是做什么、为什么、何时做。

大多数我喜欢的叙事导向游戏里几乎都没有对话——《古堡迷踪》《旺达与巨像》《闪回》《另一个世界》——但是即使是这些优秀作品也都通过各自清晰的情绪变换、声调变化、有效的即时事件，共同促成了玩家形成情绪反馈机制。

当游戏编剧和设计师协力合作共同讨论游戏的故事、角色、布景、背景，并且一起思考游戏机制和关卡时，团队就会开始发现一些刺激创新的方式把这两方面结合成一种更加和谐的体验。

不幸的是，这种协同合作很难达成，尤其是在第三方参与开发时，通常平均开发周期都不到一年。在这种日程紧张的状态下，制作人和设计师经常会有些疏远编剧，以为我们可以互不相干。

但事实是，我们的工作也是他们的工作。写作也是设计。毕竟我们都在从头开始构建一个世界。如果编剧能够吸收或时不时地贡献设计想法，他将更深刻地理解叙事元素之于整体游戏体验的贡献或损害。

创作之前

为了能把这一过程描述得更加清晰，我们先确定游戏编剧需要掌握的最关键的阶段性任务，首先是一些前期产品目标。头几个星期的时候，编剧们很容易沉醉于各种稍纵即逝的想法——这难以避免——但是你需要把这些白日梦梳理成可见的结果。

高级叙事概要。在投入制作之前，设计组应当直接和编剧合作，为原始故事制定一个简明（一至四页）高级的概要。把它当成电梯游说（即在很短时间内把一个产品或创意说清楚）：简洁利落。这篇短文可能是唯一一份大多数团队成员都能读到的故事文件，所以它应当清晰而有力。在前期完成它，然后尽可能用人类最快的速度让客户签字，之后再读之前写下的句子。每一步的目标都是让客户尽快签字。如果你没能让客户尽快签字同意，后续发展可能会为团队其余人带来无尽的痛苦。

主要地点／关卡。如果编剧没有参与概念流程，那么

《ICO》

《ICO》

他们在确定这一领域的时候会非常麻烦。设计师经常在不咨询编剧的情况下就大步前进，确立游戏关卡的概念和设计。他们没有考虑到剧本设定对于营造出有趣叙事的重要意义。

在电子游戏里，地点时常比角色还重要，这使得地点更加关键。如果编剧、设计师和美工能够合作确定游戏环境的范围，并且大概弄清需求和可行性的范围，那么每个人都能满意而归。

这对各方都有利：编剧需要知道地点才能讲好一个故事，而美工和设计师也想确保编剧询问的内容和游戏脚本是相关的。

显然，这个"关联阈值"会因为项目的大小而有所不同，但是在时间紧张的小项目里，这一步走得是否正确关系到场景美术当天晚上六点下班还是第二天早上六点下班。

一旦开始制作游戏，编剧的任务量会大幅上升。这时整个设计团队需要团结一致形成一股势不可挡的力量（好的那种）。

详细的故事大纲。叙事弧完成之后就该制作出一份详尽的故事文档，其中包括完整的场景描述和剧本目标。文件的详细程度应当取决于故事对于设计的影响到底有多大，但是当然是越详细越好。不管怎样，制作一份详细的大纲能够帮你了解自己到底做的哪种游戏，并且了解在将来设计迭代时游戏对编剧的依赖程度。

在一些情节导向非常明显的游戏，设计挑战会直接源于故事——例如拯救囚犯、刺杀卫兵、运送包裹等。对于非线性游戏，例如角色扮演游戏，这类文件应该尽可能周密详细。对于结构不是特别明显的游戏，编剧对游戏的直接影响可能很小。事先了解这种平衡关系至关重要。

故事展示计划。故事究竟会以怎样的方式得以叙述，以及由谁讲述？你有预制过场（pre-rendered cutscenes）或者引擎生成过场（in-engine cutscenes）吗？谁来把这些场景串联起来？好吧你可能没有过场资源，想要通过游戏过程讲故事。这样可行吗？可能吗？

尽早弄清这一点。对编剧来说，没有什么比发现项目在向前推进，却没有人清楚理解故事的叙述方式更沮丧的了，因为这会影响到编剧的创作方向。

预估过场故障。如果你的游戏包含过场或者任何形式的动画顺序场景，那么尽早估计它们的数量以明确未来工作，这一点至关重要。如果你的故事大纲非常详细，这很容易做到。这一点也可以帮助时间紧张的项目提前确定每个场景预期的质量和复杂程度，这样你们团队就能合理分配资源。

角色。创作完详细的叙事弧，你就需要做一个明晰的清单列出所需角色数量。他们是谁，他们在叙事和游戏剧本里分别起到什么作用？哪些是NPC？哪些是长期存在、有大量互动的角色？哪些是BOSS？任务发布者呢？店主呢？新手导师呢？诸如此类。

美工之后会负责角色和动画设计，所以他们希望尽快知道这些范围。如果你在项目过半的时候才告诉美工需要创作15个新的NPC，你就等着他们茶水间踢你小腿肚子吧——这是真的。早点搞定角色范围能帮你确定游戏可能需要多少"意外对话"，因为这些一次性内容在脚本里占的比例经常和主要故事对话一样多。这可不是个小数目，所以要密切留意。

整理文本库。整理文本库可能很烦琐，但是尽早整理文本记录，准备好工具做测试非常关键。拖得越晚，你就越后悔。有些游戏有复杂晦涩的文本需求——例如非线性对话结构——所以清楚明确地整理数据库就非常重要。

还要花点时间决定用什么格式发送脚本。不是所有的编剧都了解你复杂的文本库结构，所以如果你的编剧想用Word或Final Draft格式传送文件，你就需要格式转化工具。

开始写作

游戏基础打好，团队也准备好开始制作时，真正的写作任务就开始了。这是很有趣的一部分。编剧们喜欢写作，但是如果没有和设计组保持持续联系，他们交给你的脚本内容可能超出你的需求，或者完全不是你想要的。这是在浪费所有人的时间，而且编剧们也会

《旺达与巨像》

因为你这么说而感到伤心，"虽然写得很精彩，但是你的 100 段五行打油诗在《查兹·达斯特斯的星际远航 2：错忆的遗产》（ *Chaz Dastard's Intergalactic Star Safari 2: Misremembered Legacy* ，作者为举例编造的游戏名）里没有用武之地啊。"

划分清晰的界限可以把编剧的疯狂创作扼杀在摇篮里。如果编剧一开始就参与到设计之中，那么团队各方就都能理解故事写作需求的内容范围。无论是写作前、写作中还是完成创作之后，都要持续跟进所需信息。一名没有明确界限或方向的游戏编剧——尤其是远程工作的签约编剧——为你的游戏写出的内容很可能像安德烈·布勒东（法国诗人、超现实主义创始人之一）的《可溶解的鱼》那样既不合情理又没有用处。

脚本初稿。在开始和第一个阶段性任务之间，编剧的工作会无比繁忙。在短期项目里，编剧应该在第一个阶段性任务之前已经完成脚本初稿，以便推动关卡设计过程顺利进行。

在长期项目里，编剧和关卡设计师们会反复确认任何一方都没有漏掉哪个细节，慢慢向初稿靠近。

再次要求签订故事和脚本。让你的客户明确了解：脚本需要尽快得到反复阅读和评判。我遇到的所有来自客户方的难题里，这一条没处理好是最棘手的。

许多客户误以为脚本是他们的游戏里唯一最重要的部分，所以他们会花数月细抠那些对最终游戏体验影响

《Flashback review》

微乎其微的细节。这是你能想到的拖延关卡和过场设计师们进度的最蠢笨的方式，在这里浪费的时间很难弥补回来。

雇佣有经验的作者的好处之一是，和程序员以及艺术家一样，优秀的编剧工作效率惊人。文本本身并不金贵，编写和修改也不大费时间。但是如果编剧发现不了需要修改的地方，那么这个优点也没什么用。

我已经不记得有多少次，因为一个看似不起眼的关卡设计或地图安排变化，导致我的许多对话内容作废。游戏在我不知情的情况下做了改动，造成的头痛可不是普通止痛药能解决的。

达比（本文作者）：听听这段，大伙儿："莎莉奔向遥远的黑森林，强壮的旅人啊，在那里你会发现一把珍稀的水晶匕首……"

制作人：啊，达比，抱歉……黑森林被去掉了，取而代之的是沃尔玛。我们忘了早告诉你。

达比：啊……好吧，稍等。我的笔呢？

配音演员已经录完所有的对话，团队才发现这个悲剧。再说一遍，要让编剧和设计师时刻保持协同合作。

投入制作

现在你已经准备好投入制作，重头戏开始了。如果你已经搞定了前面所有的任务，除了客户开会以外，剩下的制作部分应该会进展顺利。客户会议本该只在你有事犯错的时候发生，但事实并不这么非黑即白。相当一部分客户都很严苛，他们喜欢为了一些我们能理解但并不总是明智的原因，认为故事应该无限度地进行修改，直到发布内测。所以要小心警惕，保持冷静，继续前进。

配音选角。如果是用演员配音（这年头有谁家不用吗？），那么现在该研究用谁来帮你的角色说话了。一些小项目里并没有专门的故事指导，这时编剧就派上了大用场。关键是要在录音日期之前选定配音演员，配音员的日程紧张，如果你在录音的那一周才开始招募演员，你会发现那些优秀合适的人日程更是紧张。

终稿。尽管很困难，编剧们总要停止打磨对话，确定下来。当然，鼓励编剧组织串联自己的工作也是个好主意。脚本里可能充满了恰如其分的妙语，但是毕竟它还是一个游戏脚本，如果过多的机智妙语考验着玩家的耐心，那也是一个问题。重要的是：剧本越长，视频团队就要花越多的时间去制作过场和脚本序列，所以如果编剧能专注主线，早点结束他心爱的故事，那么每个人都能减少很多不必要的工作。

画外音录制环节。一些编剧很会指导画外音导演，一些不会。好的编剧兼画外音导演都能够在录制过程中修改对话，所以要确保你的 scrivener（一种文本编辑器）在录音环节能用。编剧第一次听到自己写的台词被大声读出来时可能会想做出修改。给他留一些修改的余地，但不要由着他来。试着把修改内容限制在那些糟糕和错误的部分。

一旦由你控制了局面，编剧的工作会轻松很多。但是还是留一个在旁还是好处多多的，给编剧锁柜子里什么的，留着以防万一。

审校。永远不要让编剧去修改审校自己的作品，真的。在游戏业更是如此，一个游戏的文本量经常能和一部小说比肩。另一方面，质检部很难找到优秀的审校员，所以要确保尽可能多的人检查文本，包括编剧在内。修改非对话型文本。要花很长一段时间才能搞定游戏所有的教程、数据库和菜单文本。游戏成长缓慢但是总会完成制作。对编剧而言幸运的是，文本植入和修改都比较容易，甚至到最后一刻（假如那事你还在审校）再去改动也相当安全。

这样，编剧工作就结束了，你的游戏也即将完成。各位干得漂亮。深呼吸然后擦干净你的白板。新的一轮工作又要倒数开始，五……四……三……二……一……

（原载 Gamasutra，经作者授权翻译刊登）

THE 25 BEST VIDEO GAME STORIES EVER

Top 25 最佳游戏剧本

游戏能够讲出其他任何娱乐形式都讲不出的故事。无论是好是坏，游戏行业里最具创意的人总是在突破技术和想象力的限制，找寻新办法去讲述一个故事。在游戏的世界里，我们斩杀过威猛的恶龙，我们探索过外星球，我们遇见过形形色色，令人称奇的人物角色，花费了无数小时的时间把他们带进生活。我们开心过，愤怒过，害怕过。本集合将向大家展示几个最佳游戏剧本。这些剧本不仅讲述了最美妙的故事，而且其向玩家讲述故事的方式是唯有游戏才能实现的。

文	译
GamesRadar+	冯倩倩

NO.1《寂静岭2》

《寂静岭2》的故事充满了邪恶色彩。故事开场是一个神秘的爱情故事：詹姆斯·桑德兰（James Sunderland）在妻子去世一年后收到了她的一封信，于是踏上了寻妻之旅。而故事结尾却揭露了既黑暗又复杂的现实。《寂静岭2》用层层推进的方式讲述了一个错综复杂的故事。旁白虽然不会让玩家怀疑詹姆斯的人品，但是通过变换游戏进行以及与游戏世界互动的方式，玩家就能够影响游戏的进程。

举个例子，如果玩家的生命值不到一半，结局就会发生变化，因为玩家不在意詹姆斯的健康，表明玩家认为他有自杀倾向。象征手法也扮演了重要的角色。游戏中每个令人作呕的生物都是詹姆斯扭曲人格、性功能障碍和内疚感的体现。游戏玩到最后，玩家对主角残留的最后一丝同情也会消失无踪。除此之外，还有什么游戏能让你直到游戏结束才发现：原来自己才是真正的怪物呢？

玩家能够感受到 Irrational Games 工作室出品的《生化奇兵》里面所蕴含的传承精神吗？哈，这可是个大难题。玩家已经在海底乌托邦城市销魂城的创建者安德鲁·雷恩（Andrew Ryan）的影响下丧失自由意志了！所以答案是肯定的，玩家当然能感受到《生化奇兵》的伟大之处。

《生化奇兵》发布于 2007 年，发布日令所有玩家兴奋不已。这款游戏的灵感来自安·兰德（Ayn Rand）的一部客观主义小说《阿特拉斯耸耸肩》，再次说明了游戏可以跳出头部特写、巫士和意大利管道工的限制。兰德讲述了一个完美的人创造完美世界的故事，而游戏制作人肯·莱文（Ken Levine）则通过故事揭示了人类的狂妄自大。安德鲁·雷恩深信自己找对了方向，但实际上他是创建了一个满溢着享乐主义、虚荣心、狂妄野心和模糊道德观的社会。游戏迷人之处在于里面的腐化与堕落。城市的堕落通过各种创新的叙述手法得以体验，比如散落于游戏不同层级的音频记录。《生化奇兵》有一个预料之中的结局，但我们无法否认它对游戏故事讲述方式作出的巨大贡献。

NO.2《她的故事》

《她的故事》开场目标明确，要求玩家找到杀人凶手。随着玩家观看越来越多的头号嫌疑人审讯录像，就会意识到谋杀背后还有很多阴谋。《她的故事》是 2015 年最受欢迎的独立游戏之一。这是当之无愧的殊荣。它还是一款让玩家做出选择来讲述故事的游戏，不同的是，这可不仅仅是在对话框里选择这么简单。每个《她的故事》的玩家都会体验到不一样的剧情，因为整个故事是通过一个个短录像来讲述的，玩家要在警察的数据库里输入关键词进行搜索。通过搜索不同的录像，玩家可以找出嫌疑人证词里面各种漏洞，从而引导玩家进行下一步搜索。也就是说，每个玩家通往真相的道路都是不一样的。如果按照顺序去看那些录像（感谢 YouTube 给了我们这样的机会），就可以发现剧情的扣人心弦之处，但是《她的故事》用了一种迂回的方式，很好地展示了游戏在讲述故事方面的独特之处。

NO.3《生化奇兵》

《行尸走肉》讲述了一个扣人心弦的故事，从头到尾都给玩家带来强烈的感官刺激，是 2012 年最受欢迎的游戏之一。李·埃弗雷特（Lee Everett）在去往监狱服刑的途中遇到了一个名为克莱门特（Clementine）的小女孩，摇身成为了英雄。当时正遇上僵尸来袭，而克莱门特的父母却在另一个城市度假。于是主人公和小女孩意外开启了一场去往女孩父母所在地萨凡纳（Savannah）的旅途。途中玩家将遭遇一系列令人喜爱（或令人极度憎恨）的人物角色。不过这也没什么关系，因为玩家可以选择是否让他们待在自己团队里。故事的亮点在于对话和剧情的发展。当克莱门特目睹或经历可怕的事情时，玩家会产生伤心、内疚和愤怒的情绪。尸体四处走动的场景令人毛骨悚然，但是各个场景的节奏和处理使得《行尸走肉》在各种游戏中脱颖而出。

NO.5《行尸走肉》

NO.4《巫师3：狂猎》

尼弗迦德帝国（Nilfgaardians）的臣民们要小心，杰洛特（Geralt）归来了。在《巫师3：狂猎》里，我们声音粗哑的主人公踏上了寻找被狩魔猎人盯上的养女希里（Ciri）的旅途。整个系列的灵感来自东欧，因而和常见的奇幻 RPG 游戏有所不同，而《巫师3：狂猎》超越了这种体裁的限制。游戏里的角色互有关联，彼此之间的互动也存在细微差别。其剧情设计远远超过了玩家常见的叙事。游戏的发展无可挑剔，层层深入。大多数游戏都有清晰的好人和坏人的角色，而这一系列的游戏探索的则是道德的模糊地带。《巫师3：狂猎》这款游戏体现了精湛的故事讲述手法，而其 DLC《血与酒》则将这种手法更上一层楼。

NO.6 《最后生还者》

大多数同类型的游戏由好人、坏人、艰难的挑战和问题的解决这些元素组成，而《最后生还者》却没有上述任何一个元素。它反映的是现实生活。游戏主人公乔尔（Joel）和他的朋友都算不上什么英雄。游戏开场出现的人物甚至没有什么特别讨人喜欢的地方。他们不过是一群想尽一切办法在这个失意世界存活下来的失意人。乔尔的最终转变是一个缓慢的过程，随着他与艾莉（Ellie）的关系的微妙变化以及旅途中各种人性与暴力的显现（两者都体现在极端事件中）而发生。在双方微妙而脆弱的互动中，通常是在不知不觉玩游戏的过程中，两人个性的变化几乎难以察觉。而在游戏结尾，他们自身和彼此的关系变得面目全非。整个故事没有什么清晰的解决问题的剧情，但也正是这一点，让《最后生还者》比其他的动作游戏更有感染力。它用史诗般的末日场景讲述了人与人之间温馨的小故事，因此让你永难忘怀。

《女神异闻录4》最大的亮点来自节奏。故事时间为一年，发生在一个叫稻羽市的宁静小镇。玩家在高中上学打工，最重要的是，在结交新朋友的同时还得追查神秘杀人事件。玩家可能会进入一个满是地下城和怪物的地下世界，但是由于主人公非常享受和新伙伴在一起的时光，所以哪怕是和朋友在公园里度过了很短的时光，也能给玩家带来比与BOSS对战更强烈的情感刺激。《女神异闻录4》流程长达八十多个小时，但玩家不会觉得冗长，因为每一天都有新的机会去加深友谊。通过插科打诨与戏剧性冲突的流利转换，以小熊（Teddy）、巽完二（Kanji）和里中千枝（Chie）为代表的人物角色得到了鲜活的体现。通过各种对话选项，玩家可以表达对小伙伴的独特情感。当故事到达高潮时，玩家的感觉就好比和自己最好的朋友携手共度了足以改变生命轨迹的考验。在游戏结尾要和一切挥手告别时，难免令人潜然泪下。

NO.7 《女神异闻录4》

NO.8 《荒野大镖客：救赎》

不少伟大的西部电影都以狂野西部时代的逝去为题材，而《荒野大镖客：救赎》在这个题材方面也是个中翘楚。游戏主人公约翰·马斯顿（John Marston）时间紧迫。他追求稳定的家庭生活，但是有案底在政府手中，于是政府迫使他追杀当年的三名帮派成员，最后他成功杀死了与定义了他自己的那个年代有关的最后残余。不仅仅是马斯顿和昔日伙伴在进入二十世纪时遇到了困难，约翰总是能遇到那些或欣喜、或痛苦地接受西部没落的人。马斯顿是个优秀的枪手，他比 Rockstar 游戏工作室之前创作的主人公都更能适应过去的生活，但是他依然想要忘却过去重新生活。问题是，这个世界会许诺他应得的圆满结局吗？

《传送门1》短小精悍，向玩家呈现了沉默寡言的雪儿（Chell）和不那么沉默寡言的格拉多斯（GLaDOS）两位人物，之后为维尔福（Valve）公司带来了大笔收入。1代如此精简，2代怎么会如此大制作？2代中的新人物是否能与格拉多斯旗鼓相当？玩家惊奇地发现，答案是肯定的。所有新加盟的角色，从奇怪的惠特利（Wheatley）到魅力非凡的凯夫·约翰逊（Cave Johnson）都令人称道。是的，光圈科技实验室（Aperture，一代故事中的核心机构）还有无数的潜力等待挖掘。随着对这篇废土的进一步探索，玩家能够了解到众多有趣的典故，勾勒出系列游戏中最重要的角色，即光圈科技本身。光圈科技和格拉多斯的过往感人至深，同样，雪儿也迎来了美好的结局，让猎奇故事成为了史诗大作。

NO.9 《传送门2》

NO.10 《看火人》

扣人心弦的步行模拟类游戏一直都有其追随者，但很少有人对 Campo Santo 的《看火人》进行更深层次的探索。游戏的成功部分来自于故事设定：玩家扮演的亨利（Henry）在某个夏天来到怀俄明州做园林管理员。虽然他做这份工作是为了远离过去的生活和种种想法，最后却通过对讲机和上司产生了一种对话关系。这个与世隔绝的故事发生在一个蕴含着美景和危险的自然环境中，这一环境完美衬托出了整个充满悬疑的故事。亨利每每有一个奇特的发现，就会推动故事的发展，直至势头无法阻挡。一旦上手，玩家绝对欲罢不能——直到最后的工作人员名单。

NO.12 《去月球》

《去月球》证明了游戏不需要凭借极具感染力的配音、奇幻的画面和恢宏的配乐，同样能让最铁石心肠的硬汉玩家感动落泪。不过游戏里面的配乐确实起到了作用，为这个把去月球作为遗愿的垂死之人的故事添加了一丝悲伤色彩。游戏讲述的是两位博士试图通过人为制造永久记忆的科技实现约翰尼（Johnny）遗愿的故事。为了达到这一目的，他们必须进入他的记忆，把去月球的愿望植入到童年记忆里，帮他在大脑里创建出新的生活。在这一过程中，两位博士了解到了约翰尼的过往和他已故的妻子。看到那些幸福的时刻，玩家很难不为之动容落泪。

NO.11 《黑暗之魂》和《血源》

从某个角度来看，这两款游戏如此相像有些可惜，也就是说，它们总是会被人们比来比去。但换个角度看，这又不失为一件好事，因为玩家可以因此有更多的机会去体验战争、氛围和超现实故事的融合。《血源》和《黑暗之魂》用游戏的手法讲述了长达几个世纪之久的史诗恐怖故事，而不仅仅是不停杀戮怪物。如果用电影或文字来再现这个故事，效果会有所不同。它们有这么独一无二的感染力，因为只有在游戏中，玩家才可以亲身体验这个世界。

不管喜不喜欢，小岛秀夫工作室（Hideo Kojima）的《合金装备》系列游戏都设定了"天马行空"的标杆。最新发布的《合金装备 5: 幻痛》采用了奇特的叙事手法，使其再次登上游戏界顶级工作室。这次，游戏中的大反派出门寻仇时发现了一个消灭英语母语者，并在剩下的文化里建立核对峙，从而实现世界和平的计划。游戏中最令人影响深刻的是，剧情是随着玩家的体验而展开，而不是随着散落各处的场景而展开。这简直是游戏世界里的史诗小说，用体系代替句法，每一个存盘点都是新的一章。

NO.14 《合金装备 5: 幻痛》

NO.13 《质量效应 2》

组建一支团队，挑战不可能的任务，拯救银河系。这对科幻小说来说可算得上司空见惯。而《质量效应 2》讲述的正是这么一个经典的冒险故事，描述了团队成员与种种困难之间的斗争。故事都发生在宇宙空间里，由古老而巨大的机械为团队成员制造障碍。当剧情推进到高潮处，也就是薛帕德（Shepard）和伙伴们去执行自杀式任务时，玩家会有一种酣畅淋漓的感觉。很少有其他游戏能够让玩家和配角人物有这么近距离的接触。每个成员都有值得挖掘的背景故事，需要玩家做出复杂的决定来帮助他们，同时也能在潜移默化中收获他们的友谊。如果在自杀式任务中不幸失去了其中一人，玩家会真切地感觉到自责，这强烈地表明了《质量效应 2》是一款颇具感染力的游戏。

NO.15 《特殊行动：一线生机》

军事射击类游戏在剧情方面的表现往往不够突出，往往突出表现火爆硬汉或者冷静决绝，而非人物性格的有机发展。刚开始，《特殊行动：一线生机》确实落入了这样的俗套。玩家控制士兵沃克（Walker），他奉命到被沙尘暴席卷的迪拜寻找失踪的上校。随着时间流逝，似乎出现了不可告人的隐情，自此，平凡无奇的射击类游戏有了其独一无二之处。

随着剧情发展出现了对拿着枪的士兵的抨击，对玩家之前慢慢熟悉的各个方面都提出了质疑。沃克的旅程引领他慢慢走进故事的核心，这种叙述手法是其他游戏无法达到的。游戏最后，玩家可能会感到愤怒或伤心，但是最重要的是，你会有一种全新的体验，这是在其他军事射击类游戏中很少见到的。

《星球大战：旧共和国武士》里有渴望权力但自由散漫的西斯组织，有破败的宇宙飞船，有星球大战的一切元素。但真正让游戏脱颖而出的，还是在于它能够带领玩家进入一个全新的世界，让玩家探索配角令人着迷的过往，通过剧情的转折让玩家大吃一惊，这种惊喜完全可以媲美电影三部曲中达斯·维达对卢克说出"我是你父亲"的这段剧情。作为共和国舰队里一名普通成员，玩家奉命去往塔里斯星球（Taris）寻找被俘的绝地武士巴丝蒂拉·尚（Bastila Shan），因此踏上了银河系之旅。玩家将途径卢克·天行者的老家塔图因星球（Tatooine）、伍基人的家园卡西克星球（Kashyyyk）、西斯的科里班星球（Korriban）以及其他星球，深刻领略到《星球大战》的经典之处，这是之前的电影和游戏无法实现的。这部经典之作被称作有史以来剧情最棒的游戏之一，可谓实至名归。

NO.16
《星球大战：旧共和国武士》

NO.17 《火线迈阿密》

谁说暴力游戏不能拥有引人入胜的剧情？《火线迈阿密》透过姓名未知、很少说话的主人公朦胧的双眼（粉丝们通过主人公的服装标志将其命名为杰科特，Jacket），引领玩家进入一个奇幻兔子洞，让每一次屠杀都被赋予了意义。故事发生在 1989 年的迈阿密，杰科特的日常生活包括起床，查看电话答录机接收晦涩的信息，开车去破败的人群密集区，以及见到谁就杀谁。杀戮开始前，他总是戴着一副动物面具。随着玩家开始分不清现实与虚幻，最终产生一种幻觉时，《火线迈阿密》的剧情也逐渐丰满起来。杰科特开始受到幻象和噩梦的侵扰，无法确定自己收到的指示是否真实存在……

NO.19

《侠盗猎车手：圣安地列斯》

《侠盗列车手》系列游戏讲述的是穷小子麻雀变凤凰的故事，每一部的剧情都很精彩，《圣安地列斯》更是出类拔萃。在这个史诗般的故事当中，我们的主人公从一个身无分文的混混成长为圣安地列斯最受人尊敬的市民，最后成为大亨，在这个形似好莱坞的地方坐拥别墅。游戏开始时，玩家在洛斯桑托斯一个名不见经传的地方和一群混混打架，在游戏结局，玩家将劫持航空母舰上的垂直起降战机。但真正推动游戏故事发展的是人物。卡尔（Carl）虽然有各种糟糕的行径，却是该系列里至今为止最讲道德的角色。他的同伙有讨人喜欢的犯罪团伙头目吴梓穆（Wu Zi Mu）和塞萨尔（Cesar）、詹姆斯·伍兹（James Woods）配音，总是在偷东西的尖刻人物迈克·托雷诺（Mike Toreno）。由塞缪尔·杰克逊（Samuel L. Jackson）配音的汤普尼（Tenpenny）是个无可救药的大坏蛋，看到他在最后的紧张交战中得到应有的报应简直是大快人心。

NO.18 《冥界狂想曲》

《冥界狂想曲》不是什么新作品，但是它经受住了时间的考验，成为独一无二的游戏佳作。它塑造的炼狱和我们真实的世界没什么不同。比方说，我们温文尔雅的主人公马尼·卡拉贝拉（Manny Calavera）。他是一个死神，兼任旅行社中介，负责安排新鲜灵魂去往和平的冥界第九层的旅途。途中会遇到各种难忘的人物角色，既有英雄，也有恶棍，这些角色都会对马尼通往冥界的旅途产生不可磨灭的影响。经典电影中的黑色桥段无处不在，游戏里充斥着红颜祸水、犯罪头目，吸烟成了全民的消遣方式。同时，《冥界狂想曲》也有其创新之处，从阿兹特克神话和墨西哥文化中汲取了不少灵感。

NO.20《活体脑细胞》

这个科幻故事讲述的是西蒙·杰雷特（Simon Jarrett）探索问题百出的海底研究机构的故事。游戏并没有通过战斗的方式来讲述西蒙的故事，而是用了一系列秘密行动和解密。在《活体脑细胞》当中，玩家对剧情了解得越少越好。但玩家应当知道，它与其他同样调调的游戏不同的地方在哪里。很多恐怖游戏通过让玩家利用极有限的资源、打败强有力的对手来营造紧张的氛围。而《活体脑细胞》的恐怖在于故事本身以及叙事手法。让我们现实一点，探索意识和生命的含义，思考人之为人就是一件极其恐怖的事情，根本不需要什么外星人或者怪物。

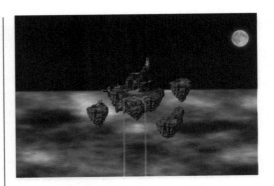

NO.21《时空之轮》

经验告诉我们，时空旅行并不是最佳的叙事手段，但是在《时空之轮》中却异彩纷呈。游戏的开场很简单，场景在一个小镇的庆典上，但是没过一会儿，为人低调的克罗诺（Crono）和他的朋友们便被卷入了巨大的冒险之旅。旅途中，克罗诺和穴居人、受到诅咒的骑士以及正在寻找人类的机器人成了朋友。玩家可以发现所有遇到的这些人都有某种联系。克罗诺在不断变换的世界里穿梭，说明了人类面临的问题。技术会变，但是不管时代如何变换，人类的爱恨情仇、嫉妒和荣誉感都不会变。故事叙述者知道应该在什么时候营造安静的氛围，让玩家从全新的角度去认识人类的一些特性。把握时间线索或许是一件复杂的事情，但是把握人物的动机可不复杂。

NO.22 《传说之下》

《传说之下》是一款迷之游戏，里面有怪物、羊人和魔法，还有感人的场景。很难用一两句话概括这个奇怪的故事，但最重要的是，玩家要时刻记住，在其怪异凌乱的表面之下，《传说之下》实际上是一款很"甜"的游戏。游戏叙事的一大优势就在于，玩家的举动可以影响剧情的走向。有些游戏通过自主选择来实现其深刻的含义，但结果却不甚理想。《传说之下》能够脱颖而出得益于它的多种结局，而且每个结局都能带来强烈的情感冲击。

要是一款游戏的主角是小说家，你大概会期望它有着很棒的剧情吧？《心灵杀手》正是这么一款游戏。这款游戏的灵感来自史蒂芬·金（Stephen King）和大卫·林奇（David Lynch），讲的是失意作家和妻子去太平洋西北部寻求平静的生活却遭遇恐怖经历的故事。在艾伦寻找失踪的妻子的途中，遇到了一系列想要伤害他的人，在创造这样一个陌生的自然场景方面，这款游戏可圈可点。和其他优秀的小说家一样，艾伦很看重象征手法，他会用光线去和想要吞噬他的暗影般的怪物作斗争。当漂浮的字母也成了他的敌人时，画面便更为有趣了。随着剧情的发展，游戏当中出现的散文证明艾伦是个优秀的作家。艾伦分不清什么是现实，什么是想象，但是他清楚自己对妻子的爱意，或许光凭这一点就足以看清他的人性了。

NO.23
《心灵杀手》（又名《艾伦·韦克》）

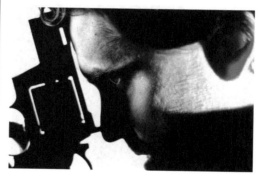

NO.25 《最终幻想6》

虽然之后几部《最终幻想》的画质有所提升，但是情节却始终未能超越第六部。《最终幻想6》讲的是魔法在恶势力手中消失的故事，人物阵容庞大，堪比《战争与和平》。玩家可以在游戏中看到各种鲜明的人物角色。即兴的歌剧表演、隐藏家族的出现、英雄牺牲等情节散落于游戏各个部分，而最引人注意的莫过于大反派。凯夫卡（Kefka）可谓是我们所能遇到的最可恶的反派角色，游戏剧本对这样一个无情混蛋形象的塑造极其成功。如果说，《最终幻想6》实际上讲述的是凯夫卡的个人传奇，那么编剧可真是做得太棒了。

NO.24 《异域镇魂曲》

如果人类能够长生不老，他的世界观和生命观，乃至他的本质会发生什么样的变化？这便是《异域镇魂曲》提出的问题。《异域镇魂曲》是一款传统的龙与地下城类 RPG 游戏，以叙事手法。玩家所扮演的角色名叫无名氏，历经了多次痛苦的死而复生，失去了记忆。他是谁？来自哪里？为什么死不了？在寻找答案的过程中，玩家将遇到形形色色有趣的角色，甚至会喜欢上其中一些人物，而他人的观点可能刚好和玩家的自我认知存在强烈的冲突。《异域镇魂曲》的要点是与世界和各种角色的互动，而非地下城探险。每一次对话，不管是多短小的对话，都可能触发支线对话；每一次选择，不管看起来多么无关紧要，都会带来牵引人心的后果。按照现在的标准，《异域镇魂曲》或许有点过时；但若是错过这款游戏，你就必定会错失一部优秀的交互性故事。

（原载 GamesRadar+，经授权翻译刊登）

《黑暗之魂 3》

THE MAN WHO TRIED TO REDEEM THE WORLD WITH LOGIC

那个试图用逻辑诠释万物的人
——数学天才沃尔特·皮茨小传

文	译
阿曼达·格夫特	牛树军

阿曼达·格夫特（Amanda Gefter），专注于物理学领域写作，著有《踏上爱因斯坦的草坪：父亲、女儿、虚无之义、万物发端》（*Trespassing on Einstein's Lawn: A father, a daughter, the meaning of nothing and the beginning of everything*）一书，现居马萨诸塞州剑桥。

从无家可归，四处流浪到被麻省理工学院破格录取，取得一系列举世瞩目的研究成果，沃尔特·皮茨的一生极富传奇色彩。他是一个数学天才，12岁时偶然接触到《数学原理》，仅用三天时间便把这部巨著啃完还发现了书中的几处错误。他毕生探求逻辑，试图用逻辑诠释世间万物，但最终被自己的信仰所困。与逻辑的严格性相比，大自然似乎更青睐杂乱无章。这种选择让皮茨无法接受，内心逐渐走向悲观和抑郁。雪上加霜的是，与同伴的友谊因一个女人触礁沉没，促使他走上了自我毁灭的道路。1969 年 5月 14 日，皮茨在剑桥的寄宿公寓撒手人寰，身边没有一个人陪伴。

三天看完《数学原理》

沃尔特·皮茨小时候经常被人欺负。他出生在禁酒时期的底特律，家境不好，父亲是锅炉制造厂的一名工人，脾气很火爆，稍不顺心便会举拳相向。邻居家的男孩对他也不是很友好。1935 年的一个下午，皮茨被他们追得满街跑，无奈之下躲进当地的一家图书馆。他对图书馆很熟悉，在这里自学了希腊语、拉丁语、逻辑学和数学。与家里相比，他更喜欢待在图书馆。父亲逼迫他退学，早点赚钱贴补家用。外面的世界一团糟，而在图书馆，一切都变得有意义。

皮茨不想冒险，出去免不了一顿打。那天晚上，他一直藏在图书馆。闭馆后，图书馆成为属于他一个人的世界。他走过一排排书架，偶然间看到了《数学原理》。《数学原理》共三卷，由伯特兰·罗素和阿尔弗雷德·怀特海于 1910 年至 1913 年撰写，试图将所有的数学还原为纯粹的逻辑。这部著作引起了皮茨的浓厚兴趣，于是坐下来认真研读。他在图书馆一待就是 3 天，凭借惊人的毅力啃完了近 2000 页的《数学原理》，甚至还发现了书中的几处错误。皮茨觉得应该让罗素知道这些错误。于是，他给罗素写了一封信，详细阐述这些错误。他的信让罗素倍感惊讶，不仅回了信，还邀请他到剑桥大学做他的研究生，与他一起做研究。皮茨没办法答应罗素，毕竟当时他只有 12 岁。3 年后，他听说罗素要造访芝加哥大学，15 岁的他做出了一个重大决定——离家出走，只身前往伊利诺伊州，从此再也没与家人见面。

1923 年，也就是皮茨出生的那一年，25 岁的沃伦·麦卡洛克也在研读《数学原理》。两人虽有相似之处，但麦卡洛克完全是另一个世界的人。他出生在美国东岸，家境优渥，家里人不是律师和医生，就是神学家和工程师。麦卡洛克上的是新泽西州的一所私立男子学院，在宾夕法尼亚州的哈弗福德学院攻读数学，随后又到耶鲁大学攻读哲学和心理学。1923 年，他正在哥伦比亚大学攻读实验美学，并且即将获得神经生理学医学学位。不过，麦卡洛克骨子里是个哲学家，希望探究"知道"究竟是什么意思。当时，弗洛伊德出版了《自我与本我》，精神分析成为一大热门。麦卡洛克并不买精神分析的账，他确信神秘的心理机制和缺陷一定以某种方式植根于大脑神经元的纯机械性激发。

麦卡洛克和皮茨的出身和社会经济地位完全不同，能够走到一起似乎是命中注定。他们一起工作生活，甚至一起走向死亡。他们提出了第一个机械心智理论，第一个计算神经科学方法论，设计出了现代计算机的逻辑架构，还完成了人工智能的多个基础要素。这篇文章不仅讲述了他们的合作取得怎样的丰硕成果，同时还讲述他们的友谊、心灵的脆弱，以及用逻辑来诠释这个纷繁、复杂、不完美的世界所面临的局限。

命中注定的相遇

他们是两个世界的人，原本不应该走到一起。遇到皮茨时，麦卡洛克已经42 岁。他长着一双灰眼睛，胡子拉碴，整天烟不离手，是一个自信的哲学家和诗人。麦卡洛克是一个离了威士忌和冰淇淋就活不了的人，从来不在凌晨 4 点前睡觉。皮茨则是一个 18 岁的毛头小子，身材不高，比较腼腆，长长的额头让他有些显老。他戴着眼镜，颧骨下凹，脸看起来像鸭子。麦卡洛克是一位受人尊敬的科学家，皮茨只是一个无家可归的孩子。他一直在芝加哥大学附近游荡，靠一份卑微的工作维持生计，一有机会就偷偷溜进教室听罗素讲课。在这所大学，他遇见了年轻的医学生杰罗姆·莱特文。经莱特文介绍，他与麦卡洛克相识。只简单聊了几句，他们就发现两人心中有一个共同的英雄——戈特弗里德·莱布尼茨。这位 17 世纪的哲学家试图创造人类思维的字母表，每一个字母代表一个概念，能够按照若干逻辑规则组合和控制，将所有知识都计算出来。莱布尼茨描绘了一幅愿景，将不完美的外部世界变成一个好似图书馆的"理性避难所"。

麦卡洛克告诉皮茨，他正尝试用莱布尼茨的一种逻辑运算对大脑进行建模。《数学原理》给了他很多灵感。书中，罗素和怀特海论述了所有数学都可以自下而上，用无可争辩的基本逻辑来建立。他们的建造构件是命题，即最简单的陈述 / 判断，是或非。他们从命题入手，采用"与""或""非"三种基本逻辑运算将命题连接成愈发复杂的网络。利用这些简单的命题，他们完整推导出繁复无比的现代数学。

《数学原理》的论述促使麦卡洛克将目光投向神经元。他知道大脑中的每一个神经细胞只会在达到最小阈值时才被激发。必须有足够多的相邻神经细胞通过神经元的突触向它传递信号，它们才会放射出电脉冲。麦卡洛克认为这是一种二元机制，神经元只有激发和不激发两种状态。他意识到神经元的信号就是一个命题，神经元的工作机制与逻辑门类似，接受多个输入，然后产生单一输出。通过改变神经元的激发阈值，就可以让它执行"与""或""非"函数运算。

当时，麦卡洛克刚看完英国数学家阿兰·图灵的一篇论文。图灵证明，能够计算出一切函数的机器是可能的（只要这个函数能够在有限步骤内计算完成）。麦卡洛克相信大脑就是这样一台机器，利用编码于神经网络的逻辑来完成计算。他认为神经元可以用逻辑规则连接起来，构建更为复杂的"思维链"，方式上与《数学原理》中将"命题链"连接以构建复杂数学别无二致。麦卡洛克解释他的研究计划时，皮茨马上心领神会，知道应采用哪些数学工具。麦卡洛克像着了魔一样，邀请这位少年搬到他家同住。麦卡洛克家住芝加哥郊外的欣斯代尔，是一个热闹的、无拘无束的波希米亚风家庭。芝加哥的知识分子和文学精英经常到他们家做客，讨论诗歌、心理学和激进政治问题，留声机不时传出西班牙内战和工会的歌曲。每当夜深人静，麦卡洛克的妻子洛克和他们的三个孩子上床睡觉，麦卡洛克和皮茨便席地而坐，一边喝着威士忌，一边讨论如何利用神经元构建一个"计算大脑"。

父子般的忘年交

认识皮茨前，麦卡洛克的研究陷入困境。任何东西都无法阻碍神经链上的神经元弯曲成环，一旦首尾相连，一条神经链上的最后一个神经元的输出，就会变成这条神经链上首个神经元的输入。麦卡洛克一筹莫展，不知道如何进行数学建模。站在逻辑的角度，这样的环就像是一个逻辑悖论："后件"成为"前件"，"结果"成为"原因"。麦卡洛克给链条的每个环节都赋上时间，如果第一个神经元在 t 时间被激发，下一个神经元就会在 $t+1$ 时间被激发，依此类推。但如果链条是闭环的，$t+1$ 就会一下子跑到 t 的前面。

庆幸的是，皮茨知道如何解决这个问题。他运用了模算术，模算术专门处理时钟刻度这样循环往复的数字。他让麦卡洛克意识到，$t+1$ 跑到 t 前面并不是悖论，因为在他的计算中，"前"或"后"失去了意义。时间从他的等式中被剔除了。如果一个人要看到夜空中划过的闪电，眼睛需通过神经元链条，将信号传给大脑。以神经链中任何给定神经元为起点，都能追溯信号的传输步骤，确定闪电发生的具体时间。如果链条是环状的，情况则不一样，经过编码的闪电信息会在环中无休止循环。这个信息与闪电的出现时间没有任何关系。正如麦卡洛克所说，这就是挣脱时间的束缚。换句话说，成了一段记忆。

待到皮茨完成计算时，他和麦卡洛克创建了一个机械论思维模型，首次将计算应用于大脑，同时首次提出"大脑本质上是一个信息处理器"的论断。在他们看来，通过将简单的二进制神经元连成链条和链环，大脑能实现任何可能的逻辑运算，也能完成图灵机可以胜任的任何运算。借助这种首尾相连的链环，他们找到了大脑将信息抽象、处理，然后再度抽象化的方式，通过我们所说的"思考"过程，为萦绕其中的想法创造出丰富精妙的层级结构。

在发表于《数学生物物理学通报》的开创性论文《神经活动中内在思想的逻辑演算》中，麦卡洛克和皮茨详细阐述了他们的发现。他们的模型虽然是对生物学意义上的大脑的极大简化，但成功完成了一次概念验证。在他们看来，思想无须包裹上弗洛伊德的神秘主义，也不必陷入"自我"和"本我"间的挣扎。麦卡洛克向一群哲学系学生宣布，这是科学史上的第一次，"我们知道我们是如何'知道'的"。

在麦卡洛克身上，皮茨得到了他渴望的一切——被人接纳、友情、亲密无间的搭档和从未有过的父爱。虽然在欣斯代尔生活的时间很短，但无家可归的他希望自己的余生都在这里度过。麦卡洛克也非常看重这个忘年交。在皮茨身上，他看到了与自己相似的灵魂，是他无比珍视的合作伙伴。皮茨拥有聪慧的头脑和非凡的技术能力，能够让麦卡洛克的"半成品"想法成为现实。正如他在一封信中所说："希望和他永远在一起。"

被麻省理工学院破格录取

不久后，皮茨结识了 20 世纪最伟大的数学家和哲学家之一，控制论的创始人诺伯特·维纳，同样给他留下深刻印象。1943 年，莱特文将皮茨带到维纳在麻省理工的办公室。维纳没有自我介绍，也没有寒暄。他带着皮茨走到一个黑板前，继续他的数学证明工作。在此过程中，皮茨不时提出一些问题和建议。据莱特文回忆，当他们写到第二块黑板时，维纳就已经意识到，眼前的这个小伙子将成为他的得力助手。维纳后来写道："毫无疑问，皮茨是我见过的最令人惊异的年轻科学家……如果他不能成为本时代最卓越的两三位科学家之一，我会感到非常惊讶。我说的不只是在美国，而是在全世界。"

皮茨的才华深深打动了维纳，他承诺一定会让皮茨拿到麻省理工学院的数学博士学位，尽管他连高中都没有毕业。毫无疑问，维纳非常看重他，换作芝加哥大学肯定不会被批准。如此优厚的待遇显然是皮茨无法拒绝的。1943 年秋天，皮茨搬进了剑桥的公寓，作为特殊人才被麻省理工学院破格录取，师从这位世界上最有影响力的科学家之一。经过一段漫长的道路，皮茨这个出身底特律蓝领阶层的苦孩子终于走进了最高科学殿堂。

维纳希望皮茨能让他的大脑模型更具现实意义。尽管皮茨和麦卡洛克取得很大进展，但他们的研究并未在研究大脑的学者当中掀起很大波澜。这种尴尬不仅仅因为他们采用的符号逻辑很难理解，还因为他们的模型过于生硬和简化，并不能完全描述生物学意义上的大脑的复杂性。不过，维纳深知他们的模型具有怎样的意义，只要模型更接近现实，便可以颠覆游戏规则。此外，他也意识到皮茨的神经网络可以应用于人造机器，引领他梦寐以求的控制论革命。维纳认为，如果皮茨决定为大脑中一千亿个相互连接的神经元构建一个实际模型，他的一些统计数据一定能帮上他。统计和概率论是他的专业领域，正是他发现了信息的精确数学定义——概率越高，熵值越高，信息内容越少。

在麻省理工学院着手研究后，皮茨意识到，虽然遗传学一定会对所有神经功能编码，但我们的基因不可能预设大脑中数以万亿计的突触连接——所需的信息量太大，根本做不到。他坚信大脑中的神经网络最初是随机的，很可能只有数量微不足道的信息。这种理论迄今为止仍存在争议。他认为通过不断改变神经元的阈值，这种随机性将被有序性取代，信息便会出现。于是，他运用统计力学对这个过程进行建模。这种研究让维纳陷入兴奋之中，因为他知道如果这样的模型能够应用于机器，机器便会具备学习能力。

1943 年 12 月，也就是到麻省理工学院后大概三个月，皮茨给麦卡洛克写了一封信。信中说："我现在基本上理解了维纳的话，他告诉我这将是一项了不起的成就。我与维纳的研究将掀起第一次统计力学大讨论，并且能够在最大程度上被人理解，例如阐述如何从微观的神经生理学定律推导出心理学或统计学的行为规律……听起来是不是很棒？"

那一年的冬天，维纳带着皮茨参加他与数学家和物理学家约翰·冯·诺依曼在普林斯顿大学组织的一场会议。皮茨的惊人头脑给冯·诺依曼留下深刻印象。这场会议孕育了所谓的"控制论"圈子，维纳、皮茨、麦卡洛克、莱特文和冯·诺依曼是圈子的核心人物。曾经无家可归的皮茨是这个精英群体的佼佼者。麦卡洛克曾这样写道："我们中间没有人敢不经他的修改或认可就发表论文。"莱特文说："（皮茨）毫无疑问是我们这个圈子的真正天才。在化学、物理学、历史学、植物学以及其他你能想到的所有领域，他的学识都让我们无法望其项背。他就是一本活教科书，你只要问他一个问题，他就会把所有相关知识都告诉你……在他看来，世界是以一种非常复杂而奇妙的方式连接在一起。"

博学多才 惊为天人

1945年6月，冯·诺依曼起草了一份历史性文件《EDVAC报告书(初稿)》。这是第一份公开发表的关于二进制内储程序计算器——现代计算机的文件。EDVAC(离散变量自动电子计算机)的前任ENIAC(电子数字积分计算机)坐落于费城，占地面积1800平方英尺(约合167平方米)。与其说是计算机，倒不如说ENIAC更像是一台巨大的电子计算器。它也可以重新编程，但需要多名操作员历时几周时间重新连接线路和开关。冯·诺依曼意识到每次运行一个新函数时并不需要重新连线。如果将每个开关和线路配置抽象化，用符号编码成纯粹的信息，就能像输入数据一样将它们输入计算机，只不过此时的数据还包括用于处理这些数据的程序。无须重新布线，你就能拥有一台通用图灵机。

为了做到这一点，冯·诺依曼建议依照皮茨和麦卡洛克的神经网络，对计算机进行建模。他建议用真空管担当神经元的逻辑门。只需将真空管严格按照皮茨和麦卡洛克发现的顺序串联在一起，就可以进行任何运算。为了将这些程序以数据形式存储，计算机需要一些新东西——内存。这个时候，皮茨的环派上了用场。冯·诺依曼在报告中借用了皮茨的表述，同时采用了皮茨的模算术："一个能够自我激发，并将这种激发无限期保留的元件。"他详细介绍了这个新计算架构的方方面面。整个报告中，他只引用了一篇论文——麦卡洛克和皮茨的《一种逻辑演算》。

皮茨一直住在波士顿的灯塔街，直到1946年。与他同住的是麻省理工学院学生、后来的"机器感知之父"奥利弗·塞尔弗里奇以及后来的经济学家海曼·明斯基，当然还有莱特文。皮茨在麻省理工学院教数理逻辑，同时与维纳合作研究大脑的统计力学。在第二年的第二届控制论大会上，皮茨宣布他正在撰写关于概率三维神经网络的博士论文。听到这个消息，与会的科学家陷入震惊之中。这是一项巨大挑战，需要具备超凡的数学能力。"雄心勃勃"已不足以形容皮茨的气魄和胆量。然而，所有人都知道皮茨有信心，也有能力完成这个壮举。他们要做的就是，屏住呼吸，拭目以待。

在写给哲学家卡尔纳·普鲁道夫的一封信中，麦卡洛克介绍了皮茨的惊人才能。信中说："他是最为博学的科学家和学者。他是一个优秀的染料化学家，一个卓越的哺乳动物学家。他了解莎草、蘑菇，甚至于新英格兰的鸟类。他懂神经解剖学和神经生理学，这些知识都是他从希腊文、拉丁文、意大利文、西班牙文、葡萄牙文、德文原著中习得。不管需要什么语言，他都能马上学会。他通晓电路理论、照明、无线电路焊接，并且能够亲自操作。有生以来，我从没有见过一个人能够像他一样如此博学，并且能够将理论应用到实践当中。"除了科学界，媒体也向皮茨投以关注目光。1954 年 6 月，《财富》杂志评选出 20 位 40 岁以下最具才华的科学家，皮茨、克劳德·香农和詹姆斯·沃森均榜上有名。凭借自身的不懈努力，皮茨迅速崛起，成为科学舞台上一颗耀眼的明星。

功成名就之后，他时常怀念与麦卡洛克一起度过的岁月。他在写给麦卡洛克的一封信中说："每周都有那么一次，我会特别怀念过去，怀念你彻夜长谈的日子。"在皮茨心里，欣斯代尔才是他的家，麦卡洛克就是他的家人。他相信如果能与麦卡洛克再度合作，他会更开心、更高产，同时也能取得更多新突破。无独有偶，少了这位亲密无间的搭档，麦卡洛克的研究也是磕磕绊绊。

突然间，乌云散去。1952 年，麻省理工学院的电子研究实验室副主任杰里·威斯纳邀请麦卡洛克到麻省理工学院领导一个新的脑科学研究项目。这个邀请让麦卡洛克欢呼雀跃，因为这意味着他将与皮茨再度联手。他放弃了全职教授的职位和欣斯代尔的大房子，接受了副研究员的职位和剑桥的一个破旧公寓，但内心却是无比快乐。这个新项目集合了信息理论、神经生理学、统计力学和计算设备的全部力量，研究大脑如何产生思想。莱特文和年轻的神经科学家帕特里克·沃尔也加入麦卡洛克和皮茨的团队。他们的新总部位于瓦萨街 20 号楼，门上的标牌写着"实验认识论"。

被女人毁了友谊

皮茨和麦卡洛克再度强强联手，维纳和莱特文也加入其中，一切都做好准备，进步和变革指日可待。从神经科学到控制论，再从人工智能到计算机科学，一切都处在知识爆炸的边缘。唯有天空或大脑的思维才是他们的极限。

只有一个人对他们的再聚首心生不快，这个人就是维纳的妻子玛格丽特。玛格丽特控制欲很强，为人保守，还有点假正经。麦卡洛克对丈夫的影响让她十分不满。麦卡洛克经常在他的家庭农场（康涅狄格州老莱姆）举行野餐会，宾客们畅所欲言，交流彼此的想法。麦卡洛克待在芝加哥是一回事，到了剑桥就是另一回事，玛格丽特无法接受这个事实。为了拆散他们，她编造了一个故事。她告诉维纳，在麦卡洛克的芝加哥家里做客时，他们的女儿芭芭拉被"麦卡洛克的男孩们"诱奸。维纳听后勃然大怒，立即给威斯纳发电报："请告诉（皮茨和莱特文），我跟他们，还有你的项目从此一刀两断。问题出在你们身上。"从此，他再也没有和皮茨说过一句话，也没有告诉皮茨原因。

由于这封电报，皮茨与维纳的故事从此走向终结。他把维纳当成父亲一样对待，但这个"父亲"却莫名其妙地抛弃了他。这是皮茨的一个重大损失。维纳的做法违背了逻辑，对于毕生追求逻辑的皮茨，内心遭受怎样的打击，我们可想而知。

接下来就是青蛙的故事。在麻省理工学院 20 号楼的地下室，莱特文用一个装满蟋蟀的垃圾桶养了一群青蛙。当时的生物学家认为眼睛像照相底片一样，能被动地记录下光点，并将光点的信息逐一传输给大脑，大脑随之完成繁重的"翻译"工作。莱特文决定验证这个想法，他打开青蛙的颅骨，给视神经的纤维装上电极。

皮茨、麦卡洛克以及智利生物学家和哲学家温贝托·马图拉纳通力合作，对青蛙进行研究。他们让青蛙获得不同的视觉体验，例如光线的明暗变化，向它们展示自然栖息地的彩色照片或是使用靠磁力摇摆的人造苍蝇，而后记录下蛙眼在向大脑发送信号前进行了哪些测算。令所有人感到吃惊的是，蛙眼并没有记录看到的事物，而是过滤和分析若干与视觉特征有关的信息，比如对比度、曲率和运动。在 1959 年的开创性论文《青蛙的眼睛跟大脑说了什么》中，他们指出："眼睛用一种经过高度组织和阐释的语言与大脑对话。"

实验结果从根本上撼动了皮茨的世界观。大脑并不是用准确的数学逻辑逐一计算神经元的信息，眼睛中杂乱无章，但与之类似的过程至少也承担了部分"翻译"工作。莱特文说："在我们完成蛙眼实验后，他明显意识到，就算逻辑在这个过程中发挥了作用，它也并非我们预计的那样重要或者核心的角色。这让他非常失望。虽然他永远不会承认，但这似乎加剧了他在失去维纳后的绝望。"

抑郁中独自死去

接二连三的打击让皮茨抗争多年的抑郁倾向不断恶化。他在写给麦卡洛克的一封信中说："我非常苦恼，需要你的建议。过去的两三年，我注意到自己的忧郁冷漠或者说抑郁倾向不断加剧。所有积极的有价值的东西似乎从这个世界消失，没有什么值得我去努力，无论我做什么或者发生什么事，对我都失去了意义……"

皮茨毕生探寻"逻辑"，但最终被自己的信仰所困。皮茨说他的抑郁是应用数学领域所有受过过多逻辑教育的人们所共有，因无法信赖所谓的归纳法原则或自然齐一原则而产生的悲观心理。既然我们不能证明"太阳明天会照常升起"，甚至不能给出一个先验概率，我们就无法相信。

与维纳的分崩离析让皮茨的绝望更加致命。他每天喝得烂醉如泥，疏远身边的朋友。在被授予博士学位时，他甚至拒绝在文件上签字。他把博士论文以及其他论文和所有笔记付之一炬。为了这篇博士论文，他付出了很多年的心血，科学界的每一个人都期待看到他的研究成果。然而，一切都成为过去，价值无可估量的信息化为灰烬。威斯纳承诺，如果莱特文能够找回论文的任何只言片语，便会给他提供更多支持，但一切为时已晚。

麻省理工学院让皮茨继续教学，但只是名义上的。他几乎不与任何人交谈并且经常失踪。莱特文说："我们会几夜几夜地找他，眼睁睁看着他把自己毁掉，我们都很痛心。"从某种角度上说，他仍然是 12 岁的皮茨，仍然被人欺负，仍然是那个离家出走的孩子，仍然在满是灰尘的图书馆躲避整个世界。

皮茨与麦卡洛克的合作为控制论和人工智能奠定了基础，让精神病学研究摆脱弗洛伊德的精神分析，转而从机械论的角度来探究大脑的思维。根据他们的研究，大脑可以进行运算，精神活动是一个信息处理过程。为了证明这个观点，他们揭示机器的计算过程，为构建现代计算机架构提供了关键灵感。由于他们的不懈努力，神经系统科学、精神病学、计算机科学、数理逻辑、人工智能按照莱布尼茨率先阐述的理念，在历史上的某个时刻融会贯通，人、机器、数字以及意识都将信息当做"通货"使用。表面上截然不同的事物——金属、大脑灰质团块、纸上的墨痕——从根本上可以互换。

但他们的理论存在一大缺陷——符号化的抽象处理将世界变得透明，而大脑仍旧晦涩难懂。一旦一切还原成由逻辑支配的信息，实际的机制就无关紧要。想要实现通用计算，就得放弃本体论。冯·诺依曼是第一个意识到这个问题的人。他在写给维纳的一封信中表达了自己的担忧，同时预言人工智能和神经科学最终将分道扬镳。他说："在吸收了图灵、皮茨和麦卡洛克的伟大成果后，情况不仅没有好转，反而日益恶化。他们追求的是一种绝对的并且令人绝望的通用性：万事万物都遵循某种适当机制，特别是神经机制。就算这种机制是唯一和确切的，它也可能是通用的。一个论据就可以推翻上述观点：没有微观的细胞运作机制，以我们对生物体机制的了解，我们根本无法知道神经机制的更多细节。"

正是由于这种通用性，皮茨不可能创建一个具有实际意义的大脑模型，他的工作不再引人注意，不久后就被脑科学家遗忘。青蛙实验证明，以纯粹的逻辑、纯粹以大脑为中心来看待思维的方式存在局限。与逻辑的严格性相比，大自然似乎更青睐生命的杂乱无章。皮茨无法理解这样的选择。不过，尽管他关于大脑的观点在生物学上站不住脚，但他仍旧为数字计算时代的到来、机器学习的神经网络方法以及所谓的心理主义哲学奠定了基础。但在皮茨的内心，他觉得自己一败涂地。

酗酒让皮茨患上震颤性谵妄，双手禁不住抖动。1969 年 4 月 21 日，星期六，在波士顿贝斯以色列医院的病房，他用颤抖的手写了一封信，寄给在皮德·本特·布里格姆医院心脏重症监护病房的麦卡洛克。信中说："我知道你的冠状动脉出了问题……你的身上连着许多传感器，传感器连着面板和报警器，护士一直盯着它们。这些东西让你没办法翻身。毫无疑问，这是控制论的表现，我感到无比悲伤。"因肝脏问题和黄疸病，皮茨在医院住了三周。1969年5月14日，皮茨在剑桥的一个寄宿公寓撒手人寰，身边没有一个人，死因是食管静脉曲张出血，一种与肝纤维化有关的疾病。四个月后，麦卡洛克也离开人世。他们就像是一个环的两半，任何一个独活于世都失去意义，或者说不符合皮茨毕生探求的"逻辑"。

（原载 NAUTILUS，经作者授权翻译刊登）

QUANTUM MECHANICS IS PUTTING HUMAN IDENTITY ON TRIAL

量子力学正在审判人类身份
—— 每个人都由一模一样的粒子
构成,人和人还有什么差别?

文	译
阿曼达·格夫特	张憬

阿曼达·格夫特(Amanda Gefter),专注于物理学领域写作,著有《踏上爱因斯坦的草坪:父亲、女儿、虚无之义、万物发端》(*Trespassing on Einstein's Lawn: A father, a daughter, the meaning of nothing and the beginning of everything*)一书,现居马萨诸塞州剑桥。

"就算只是在原则上，你也不能要求电子提供不在场证明！"
——赫尔曼·外尔《群论与量子力学》（Hermann Weyl, The Theory of Groups and Quantum Mechanics）

你听说过马丁·盖尔的奇事吗？

盖尔和新婚妻子还有刚出生的儿子住在法国西南部比利牛斯山脚下的小村阿尔蒂加。1548 年，时年 24 岁的盖尔被亲生父母指控偷窃，于是抛下家人，人间蒸发。过了八年，父母已不在人世，盖尔回到家中，和妻儿乡亲团聚。

时间过去三年，盖尔和妻子贝彤黛又有了两个孩子。一个路过镇子的异国士兵打破了美满。据他说，回来的人不是真正的马丁·盖尔，而是一个名叫阿尔诺·杜·迪尔的骗子。告发者自称在西班牙军队和盖尔并肩战斗过，还说盖尔在战争中失去了一条腿。贝彤黛没有理会，她确信一起生活的男人过去是，现在也是自己的丈夫。不过，盖尔的叔叔和贝彤黛的继父站在了异国士兵这一边，他们一同指控此人冒用盖尔的身份，并把他送上了法庭。

这个故事一直激发着人们的创造力，已经被改编成了电影、音乐剧、历史小说、电视剧，还曾出现在《辛普森一家》中。原因在于，它击中了人心最深处的痛点，让我们感受到了"身份"这个概念的不可靠。你如何确定一个人真的是某某某呢？即便此人与你关系亲密，疑问仍然存在。你又怎么能确定你是谁？你怎么知道你就是你那个人？在一个不断变化的世界里，身份又意味着什么呢？

早期的活力论哲学家有一个现成的答案：我们每一个人的灵魂都是神圣而独特的，肉体只是傀儡，完全听命于那看不见的自我。不过，科学已经彻底否定了这个答案，认为在肉体中探寻才是身份判定的关键。按照还原论者的理想，在微观层面一定有什么东西能够把个体区分开来。这才是身份坚不可摧的根基，由分子和原子构成。

然而，以这种方法判定身份远没有看起来那样实在。死死盯住站在法庭上的盖尔吧，放大画面，近距离观察他的脸、皮肤和毛孔。请这样一路深入，找到这个人最基本的构成要素。喏，看到电子了吧？这就是构成盖尔的模块。那么，为什么要受审的不是盖尔而是电子呢？

* * *

好吧，让一个基本粒子接受法律的严查严审，这也太奇怪了，任谁都会一笑置之。好吧，想说俏皮话就说吧。现在把这些放到一边，好吗？审判庭中惊出了电子，被告电子被控冒用另一电子身份的重罪（译者注：原文为"The air in the room is electric. The defendant is charged with the serious crime of identity fraud"。此处的 electric 和 charged 为双关：前者既有毛骨悚然，也有带电的意思；后者既有指控，也带有电荷、充电的意思）。行了，我们继续。

法官敲响法槌，法庭恢复肃静。陪审团的 12 位成员聚精会神地坐着。被告电子在位子上扭来扭去，辩护律师头疼不已，而记录庭上情景的速记员怎么也记不确切。

任何一个电子都是一个基本粒子，也就是说，现有理论认为电子不能进一步分解成更小的结构。盖尔是由分子组成的，分子是由原子组成的，原子是由基本粒子组成的，基本粒子就是这条线的终点了。基本粒子不是由物质世界的最基本模块组成的，它们本身就是物质世界的最基本模块。作为一个"点"，电子实际上不占据任何空间。任一电子仅由它的质量（极小）、自旋（1/2），以及所带电荷（为负）来定义。这三个特征就全面囊括了一个电子的身份，电子不占空间范围，属性多了它们也没地方放。

这意味着什么呢？这意味着，每一个电子都和其他电子一模一样，甚至没有一丁点儿余地能容得下一丁点儿差距。跟"复合材料"不同，就盖尔（以及日常生活中的其他任何事物）这样肉眼可见的对象而言，电子不仅一样，而且压根就是一回事，虽然这听起来令人无比惊诧。它们可以互相交换，互相替代，这些电子只是占位符，只是名为"电子"的空标签。

这就带来了可以测量的奇特结果。请考虑下面这个例子：我们有两个基本粒子A和B，还有两个盒子。已知，在任一时刻，每一个粒子都必须待在两个盒子中的某一个里。假设A和B相似但仍有区别，那么就有四种可能了：（1）A在第一个盒子里，B在第二个盒子里；（2）A和B都在第一个盒子里；（3）A和B都在第二个盒子里；（4）A在第二个盒子里，B在第一个盒子里。概率论告诉我们，四种情况的概率都是1/4。

然而，如果A和B完全一样，我们的思维就要做出不寻常的调整。在这种情况下，（1）和（4）没有半点不同。起初是两种不同的情况，现在原来只是一种。总之，现在只有三种可能了，概率各为1/3。

实验证实，1/3这个数据符合微观世界的真实情况。拿同类换掉那个被指控的电子，一切都不会出现偏差，我们也不会受到任何影响。

***

辩护方占据了上风。为了澄清关键，辩方律师找来了证人弗兰克·维尔切克（Frank Wilczek），这位麻省理工学院的理论物理学家会提供专家证词。为了确立专家身份，律师复述了维尔切克有记录可查的各项成就：此人著作等身，发表过海量学术论文，所获奖项列了一长串。"噢，"辩方律师笑了，"他还得过诺贝尔奖。"这似乎给检察官留下了很深的印象，让他看起来酸溜溜的。

"维尔切克博士，"辩方律师开口了，"关于量子场论，您曾声明过您所认为的最重要的一个结论。您能否在庭上重复一下？"

物理学家靠近了话筒，他说："两个电子是完全不可分辨的。"

这个不可分辨性有一则铁证，就是干涉现象，这也和上面提到的 1/3 概率直接相关。维尔切克的解释是，干涉暴露了电子不为人知的一面。在观察中，我们看到的定然是作为微粒的电子。然而在无人注视的时候，电子具有波的特性。两列波在叠加的时候会产生干涉，如果二者相位协调，则振幅增强，即波峰更高，波谷更低，如果错开了步子，那就相互抵消，相互抹平。关于这里提到干涉，纳入考虑的不是在物质媒介里传播的物理波，而是数学意义上的波，也就是波函数。物理波的振幅承载的是能量，而波函数的振幅承载的是概率。虽然无法直接观察这些波，但是我们可以清楚地看到概率以及实验的统计学结果受到了干涉的影响。我们只要识数就行了。

重点在于，只有完全相同，无法分辨的波才能产生干涉。无论是粒子、路径还是过程，一旦有办法分辨它们了，干涉就没有了，而隐藏起来的波会忽然以粒子的面目示人。如果两个粒子之间出现了干涉，我们就一定可以确信二者完全一样。这绝对没错，实验已经一次又一次证明了，电子之间毫无疑问会产生干涉。它们的确是一模一样的，这里不存在是因为脑子不够用、眼神不够好的可能。在本质上，根源上，本性上，每一个电子都无法和其他电子区分开。

这不是细枝末节。量子的奇异世界和我们经验中的普通世界，二者的核心区别就在这里。用维尔切克的话说，电子的不可分辨性"让化学（反应）成为可能"，因为有了这一条，"物质才能重复生成"。如果电子和电子之间存在区别，如果它们以微小的差距连续变化，那么一切都会陷入混乱。离散的、确定的、数字的特性让电子在可能错误百出的世界里得到了容错能力。

电子的同一性还意味着，我们只能在总体上谈论它们，而不能对任何一个电子断言什么。维尔切克说，"如果你有了两个电子，过了一会儿才对它们进行观察，而没有一直盯着它们看，那么你就无法说清哪个是一开始的那个。不是你自己弄混了这么简单，哪个是哪个从原理上就是不可能说清的。"

彼得·派斯科（Peter Pesic）来自新墨西哥州圣塔菲的圣约翰学院，是一位物理学家、历史学家和音乐家。他以另一种方式解释了这一点。"我们可以说，'这里有五个电子'，我们可以给它们一个基数，但是我们不能给它们安排序数。"基数就是数出来的总数（五个电子），序数是表明顺序的数字（第一个/第二个/第三个/第四个/第五个）。有基数而没序数的意思就是，标签只能贴给群体，而不能贴给群体中的任一成员。这本身就说明群体的成员其实根本就谈不上是个体。派斯科又说，"这相当令人惊奇，因为我们总以为基数和序数总是可以同时应用的。在微观层面却不是这样，一个可以有，一个不能有。"

***

检察官在出庭证人面前来回踱步，琢磨该如何进行盘问。他提出，也许我们可以通过空间位置而不是内在特质来分辨电子。就算两个电子一模一样，但它们一个在这儿，一个在那儿，这就足够让我们把它们分辨开了，不是吗？

维尔切克简单干脆地回答了"不"。虽然粒子在空间中会占据一个具体的点，但这不符合波的本性。因此，一旦脱离了人们的视线，电子这样的微粒就会漫无目的地四处游走。虽然集中于特定的空间区域，但是电子的波函数可以延伸至无穷远处。在任何地方，它们都有极低的非零概率来展现粒子的一面，一旦有人决定瞧瞧电子，它就会表现为一个具体点上的粒子。

如果没有被人盯着瞧，那么电子就不在任何一个具体点上了，它只有在诸多位置出现的概率。这是一个很怪诞的事实，让人忍不住琢磨是电子太狡诈，还是空间本身就狡诈。没有被我们注视的时候，空间又是什么样的呢？是不是也会消失？

维尔切克这样解释道："量子力学还有一个和不可分辨性紧密相关的方面，说不定这个才是最为本质的，那就是，想要描述两个电子的状态时，你并不能分别得到两个电子在三维空间的波函数。你实际拥有的是六维波函数，上面有两个位置可以填入两个电子。"这意味着，单个电子的特定位置在概率上不是独立事件，也就是说两个电子产生了量子纠缠。

以老眼光看待事物，是先有空间，我们才能往里放东西。以量子的角度看，是先有东西（比如电子），然后空间作为描述一系列复杂关系和内部依赖的方式形成，被称为"这里"和"那里"的定点不过是露出水面的冰山一角。

在量子纠缠的情况下，两个粒子各自的独特性（或者说"身份"）就不取决于单个粒子了，而是取决于二者的关系。这种关系完全无视了空间的一般约束，以爱因斯坦口中的"鬼魅般的超距作用"越过了那些规矩。布里斯托大学的哲学家詹姆斯·雷迪曼（James Ladyman）说，"物质的粒子总是有量子纠缠，我们之前就遇到了这个问题。把单独的粒子状态全部描述清楚，你也无法得到（物质）世界的状态。因为粒子是相互影响的。"

电子，以及所有粒子的同一性，削弱的不仅仅是物质的概念，还有空间的概念。在它的揭示下，我们发现二者只是一枚小小硬币的正反两面。由此可知，我们以往将世界分成几个部分看待是有问题的。也就是说物质世界具有整体性，在根本上是归一的。

这个一又是什么呢？

有些人和维尔切克一样，认为这个一就是一个场。他说，所有的电子看起来都一样，这一点并不神秘，因为它们都是同一个基本电子场的表现，是暂时的激发结果。而这个电子场布满了一切时间和空间。还有些人和物理学家约翰·惠勒（John A. Wheeler）一样，认为这个一就是一个粒子。他提出，也许就是因为只有一个电子，才有不可分辨一说。只不过，这一个电子以曲折的路径穿过时间和空间，所以在任何时刻它都显现为多个。17 世纪的哲学家莱布尼茨（Gottfried Leibniz）曾提出过"不可分辨即为同一"的原理，这个原则告诉我们：无法说清区别的两个东西就是同一个东西。一方面，电子似乎可以驳倒这个原则，另一方面，也许粒子的多样性，或者说物质世界的多样性就是一种梦幻。

有人说过，时间就是不让一切同时发生的那个东西。照这样讲，空间就是不让一切合为一体的那个东西，用惠勒的话说，就是"不让一切都发生在我身上。"不过，在量子领域，空间所提供的框架弱化了，独特性和实体性的一切观念也弱化了，随之而去的还有存在的多元概念。电子无处不在，电子无处存在。需要证明不在场时，电子无能为力；即将被捉拿时，电子又成了无形的逃犯。

显然，从定义上看，电子根本就没有冒名顶替这一说。那么由微粒组成的人类又当如何呢？

***

我们再把画面放大。

盖尔的妻子贝彤黛一直不相信自己的丈夫是个骗子。但是在他受审时，她改变了想法。尽管这个自称是盖尔的人知道两人新婚时的很多亲密细节，她仍然判断他不是自己嫁的那个人。这个不知道是不是盖尔的人向她打赌，如果她发誓他不曾是自己的未婚夫，那么他就心甘情愿地接受刑罚。贝彤黛却保持了沉默。现在，这个盖尔被确定是杜·迪尔冒充的，他被判有罪，要掉脑袋了。

被判了死刑的人上诉到图卢兹，坚称自己实际上就是真的盖尔。他如此有理有据，受理上诉的法庭几乎就要宣布他无罪了，就在这个时候，让所有人大吃一惊的事发生了。一个自称是真盖尔的人出现在了法院。他和那个被指控冒名顶替的人极为相似，不过他要用木头腿才能走路。家人和乡亲立马相信他才是真的盖尔，尽管很多有说服力的新婚亲密细节他都想不起来。受审的人被拉出去砍了头，而贝彤黛则乞求丈夫原谅她。

法庭最终判定那个人是杜·迪尔，不是盖尔。不过，身为真盖尔意味着什么呢？这是一种持续行为。一种平滑的、没有中断的轨迹在时空上连接了这个人和盖尔的其他时刻，完全忠诚，毫无偏离地遵循了爱因斯坦口中的世界线（译者注："世界线"最早由爱因斯坦提出，即物体／粒子在四维时空中的运动轨迹）。

再度缩小画面。盖尔是由基本粒子组成的，但是基本粒子的世界线根本就不是线，而是一系列离散的点，存在奇特的中断。用惠勒的话说，电子的世界线是一条烟雾龙，脑袋清清楚楚，尾巴清清楚楚，二者中间却只有一团雾气。惠勒谈到，"我们所说的真实建立在若干个确凿的观察点上，这些观察点之间都是我们靠想象和理论精心搭建的纸模型。"

我们想要相信，物质的整体不仅仅是各个部分的总和。我们觉得，就是拿走电子的电荷、质量和自旋，也会有什么留下来，一个光秃秃的电子也会有哲学家所说的同一性，它就是最初的这一个。我们觉得成为这一个电子而不是那一个电子，一定是有什么意义的，尽管从来没有什么观察、实验和数据去揭示这一点。我们想要相信存在最初的"这一个"，因为我们想要相信我们也是最初的我们：就算有一天遇到了自己的分身，就算分身完美地复制了本体所有的细节，所有的梦想，就算眼光最犀利的观察者也无法分辨，内在深处仍然有某种感觉属于本体而不属于分身。这是一种看不到、说不清，却全然真实的区别。就算两个人一分一毫都不差，仍然有人因为掌握了谜底而会心一笑，那就是真正的盖尔。

我们想要相信这些，但是这不符合量子力学原理。派斯科说，"我们愚蠢地认为自己的独特性植根于物质实体中，但这只是我们自己的一大误解。"相互影响的时候，最初的这一个和那一个交缠在一起的时候，两个电子各自的个体性又是怎样的？认识方式不同，你了解到的实体就会不同。于是，个体性似乎像极了经过哲学家演绎的灵魂概念，只是一种安慰，一种幻象。我们在神话和宗教中寻求统一性，而一点点统一性就可以让我们不复存在。

如果构成我们的基本粒子并不作为实体存在，我们的存在又该如何解释呢？

派斯科这样说，"电子越多，它们共处的状态就越能包容独特性。所以，我和你之所以各有特点，就是因为这种不可分辨的组成部分以庞大的数量构成了我们。有区别的是我们的状态，而不是我们的物质性。"

派斯科又说，"这是一个怪诞却又美妙的想法。我们的任何组成部分都没有任何标志，电子没有，质子也没有。但是它们共同存在的状态有了足够的复杂性，它们（构成的这个人）和任何一个由同样不可分辨的电子和质子构成的别人就这样有了状态上的区别。"

雷迪曼说，"我的实体性在于我是如何构成的，而不在于我是什么构成的。然而归根到底，我们肯定还是知道这个的，因为我们知道自己身体里的细胞总在更换。有意义的是结构功能组织，而不是构成物质。"

没错，我们明白这一点，我们是流动中的物质实体，我们的身体就像忒修斯之船，各个部分都在不断地更新（译者注：忒修斯之船来自一个古老的思想实验，即一艘大船在海上航行几百年，其间不断维修并更换部件，如果所有的功能部件都不是最开始的那些了，那么这艘船还是不是原来的那艘船？）即便如此，我们也偏向这样的想法：在任一时刻为自己截取一张快照，我们都能从中认出构成自己的关键，那个东西可能会遗失，也可能会改变，但它仍然是关键。

但是陪审团给出了否定的答案。并没有那样的东西。

我们的身份是一种状态，但不是物质的状态，不是夸克和电子这种单个物理对象的状态。那这到底是一种什么状态？

那很可能是一种信息状态。雷迪曼提出，我们可以用"实模（real pattern）"替代"实体"。这个概念最早由哲学家丹尼尔·丹尼特（Daniel Dennett）提出，由雷迪曼和哲学家唐·罗斯（Don Ross）进一步发展。雷迪曼说，"对实体还有一种解读方法，它选取的是信息压缩的角度。在物质世界对一个东西进行描述和追踪的时候，如果信息理论复杂性可以降低，那么你就可以说这个东西是真实的。"

比如一只猫。在计算方面，我们可以用点阵图去表示一只猫。我们可以一点一点将它描绘至最细粒度。我们也可以在粗粒度上描绘，忽略微观细节，直接说它是"猫"。展示猫走过房间的时候，第一种方式会用到很多点，需要庞大的计算资源去表示每一点如何随着时间的变化改变位置。而第二种在眨眼之间就能办成同样的事情，只要一句描述即可。在这里，猫就成了一个保证计算有效性的实模。在不以意识为转移的世界中，这个实模就是一个真正的实体。

现在看看反例。雷迪曼说，"唐·罗斯用自己的左耳垂、纳米比亚最大的大象和迈尔斯·达维斯的最后一首独唱举了个例子。想象一下这三种东西的综合体，就算人为做出了规定，你在物质世界进行追踪时也无法降低这个综合体的计算复杂性，因为三者不会形成实模。这个集合不能归入任何可推及的概括，但你的各个部分是可以的。你就是一个实模，高于你所有单独身体部位的加总。当你像点阵图一样动来动去的时候，我们可以用几句话说清你的动作。"

如果这个例子让你感觉实模就是粒子的模型，那么你要注意：粒子和构成我们的电子一样，本身就是实模。雷迪曼表示，"我们在用一种类粒子的描绘方式对实模进行跟踪。从整体到粒子全是实模。"

我们只不过是迅速移动的模式，是噪声中的信号。一路探寻下去，物质的表象退去，其背后空无一物。雷迪曼说，"我认为归根到底，物质世界很可能建立在虚无之上。"

即便如此，我们也可以指着模式给它们取名字。模式越复杂，放弃过度细化的图景就越有可能带来益处，突出特点。想想大脑吧，想想无以计数的神经细胞，它们像银河中的星辰一样，彼此之间有着千丝万缕的联系，这是宇宙中已知的最复杂的实体。试着概括它吧，用两个词来称呼它，你可以管它叫马丁·盖尔，或者更进一步，总结为一个词，甚至一个字。

你可以称它为"我"。

（原载 NAUTILUS，经作者授权翻译刊登）

DOMINATING THE WORLD OR DESTROYING THE MANKIND

称霸世界，还是毁灭人类？
在"世界议事会"中玩国际政治

文

唐健朗

唐健朗，政治理论、文化政治研究者，现居香港。

导语：在虚拟的世界议事会中，玩家却能体验到真实的国家角力。在实现本国利益的最大化的同时，如何避免人类走向毁灭？支配国际关系、左右世界局势的明规暗则又是什么？

每天看国际新闻，总有种末日感，朝鲜核危机、欧洲难民潮、美国退出《巴黎协定》、恐怖袭击蔓延世界、全球气温一年高过一年……国际政治似乎总是各国精英们的博弈，一般人只能成为这场游戏的旁观者，想要改变却无能为力。

但你有没有想过，如果有一天你成了一国首脑，要在谈判桌上面对形形色色的对手，如何在实现本国利益的最大化的同时，又不至于将人类带向毁灭？支配国际关系、左右世界局势的明规暗则又是什么？

面对现实的无力感，倒不如在游戏世界消消气，在《世界议事会》（ *The World Council* ）这个卡牌游戏中，你将扮演虚拟的国家领袖，却可以体验到真实的国家角力。

映射现实的游戏设定

《世界议事会》的游戏说明书第一句便开宗明义说"《世界议事会》是一套让你体验全球合作、政治黑暗、权谋诡计和摧毁世界的卡牌游戏"，游戏背景设定在 2025 年左右，"世界议事会"是一个神秘组织，而玩家要扮演与会的各国领袖。

《世界议事会》与早年风靡一时的《大富翁 Deal》的玩法有相似的地方，游戏的目标都是要求玩家透过兴建设施，以及善用功能牌，来达到胜利条件。但《世界议事会》很巧妙地增加了几项设定，令游戏更富战略性之余，更如仿制了世界政治格局。

首先，如现实世界一样，各国国力悬殊。游戏有五种国家卡，超级大国、极权国家、发达国家、发展中国家及岛国。玩家通过抽签，决定扮演什么国家的领袖。不同国家的胜利条件并不一样，起始手牌的数目也不相同。由于在游戏中手牌即代表资源，如掌握多少行动卡、建筑卡，不同国家的游戏难度相差很大。例如，超级大国可以有五张起手牌，胜利条件只需兴建相等于 4 点军事资源的建筑；但是岛国只有两张起手牌，胜利条件是要 4 点能源和 2 点技术，游戏难度远高于超级大国。

除了资源不均，游戏最大卖点就是"末日设定"，这一设定仿佛告诉玩家们，世界过度发展的同时，人类也将陷入末日危机。在游戏中，一方面要达到自己的胜利条件，最先达到者胜出游戏；另一方面又要避免世界灭亡，否则所有玩家都会输。

每一回合开始时，玩家可任意选取两张天然资源牌。天然资源牌分为粮食、能源和水资源三种，当中也包括一些行动卡，如"战略打击""核威慑"。玩家可以按照手牌指示作资源交易或建设，向胜利条件进发，又可善用行动卡抢夺其他国家的资源，防止其他国家胜出。

但要留意的是，游戏提供了四种世界末日的可能性：旱灾、全球变暖、饥荒和世界大战。使用资源牌和行动卡，都可能会令末日指数上升，这也是游戏好玩的地方——

因为游戏最后不一定有赢家，这也是很合乎现实状况，过度发展和扩张，不一定会称霸世界，也可能是令全人类一起灭亡。

其他桌上纸牌游戏，玩家的起始实力多是平均的，且游戏主轴一般遵从很线性的发展轨迹，但《世界议事会》不仅玩家起点不同，结局也十分开放的，这是我觉得最真实，也是最难能可贵的地方。游戏大致有三种结局：第一，是其中一个国家达到胜利条件；第二，是玩家以行动牌掠夺其余玩家的土地资源，世界议事会只剩下自己，自然胜出游戏 第三则是世界末日，所有玩家都会输。

国际关系学的入门教材

在我反复玩《世界议事会》的时候，发现不同的玩家组合，都会令游戏通往截然不同的走向，而且一个玩家的态度，就可以扭转整场游戏成败。这种可能性和开放性，令《世界议事会》可以成为颇有趣的国际关系教材。例如，我在游戏过程中就体验到了两个国际关系学非常入门的概念——自由主义和现实主义。

自由主义的世界观是，国家注重绝对利益，而非相对利益，只要有利可图，其他国家的实力增长则不是关注重点。在全球化背景下，国家们利益交错，互相依赖，但在一些共同面对全球性的问题（如全球变暖、恐怖主义等）上，自由主义的世界观认为，国家间应加强合作，把绝对利益最大化。在现实世界，我们可以联想到欧洲联盟，会是自由主义世界观的代表，这些国际组织、国家会较拥抱全球化、全球经济协作等。

另一方面，国际关系现实主义则呈现了一种很不同的世界观。现实主义会认为国际秩序是一个无政府状态的秩序，国际政治就是弱肉强食的权力之争，为了生存，国家应重视相对利益多于绝对利益，国际协作、国际组织并不可行，达到势力均衡才是维持国际和平的最有效方法。在现实世界中，美国总统特朗普就是十分典型现实主义者，他提倡美国优先，对多边贸易、全球合作存疑，倾向以增加军事实力来维持地区和平。

玩《世界议事会》的时候，和不同人玩，又或者玩家们持有的起手牌组合不同，都会影响他们在游戏中的世界观，继而把游戏推向自由主义或现实主义所呈现的想象。以我自己的经验，三人游戏时，当三人实力悬殊，例如一人是超级大国，一人是发展中国家，一人是岛国，大家起步时拥有的资源很不同，玩法会倾向现实主义

弱肉强食的一套：超级大国自觉可速战速决，即使会增加末日指数，也会肆无忌惮用行动卡，掠夺小国土地，同时也不倾向寻求交易；但很多时候，他们也会面对顽抗，其他玩家合纵起来，使用夹击战术，希望先削弱超级大国的优势，又或者采取焦土政策，即使赢不了，也不断使用自然资源，结果迎来世界末日，大家一起输。这像告诉一众强国，过度扩张，对小国咄咄逼人的话，可能自食其果，这也是朝鲜核危机，让人忧虑会擦枪走火的地方。

但是，如果多一点玩家，如六人游戏时，国家实力比较平均，大家又会倾向温和一点，比较贴近自由主义呈现的状态。其中一个原因是关于世界末日的设定，三人游戏时，达到 15 点末日指数才会世界末日，平均每人有接近 5 点末日指数限额；然而六人游戏时，人数多一倍，

但只要到 20 点末日指数，世界就灭亡了，平均每人只有 3 点多末日指数限额。这个设定，令玩家更觉得世界末日迫在眉睫，更倾向合作。在游戏后期，玩家甚至会商议不兴建什么建筑，令游戏可以继续下去。像真实世界一样，一个国家的建设，可以影响全球，且影响是无可挽回的，玩家不能抽走末日指数，而继续游戏是所有玩家的共同利益。这也令我想起 2015 年底，各国有感气候变化问题迫在眉睫，于是签订《巴黎协定》，齐齐订立减排目标。

当然，以上只是我的个人经验，除了人数，还有很多因素会影响玩家的玩法，如个人性格，有些玩家是倾向妥协，有些爱寻求刺激的玩家的打法更进取；运气也是一个极大因素，以极权国家为例，胜利条件只是发展四点军事，而且没有其他额外的失败条件，只要集齐兴建一张"战略导弹系统"和一张"军事基地"，又或者四张"军事基地"就可以胜出，而"军事基地"不是很稀有的手牌，若果玩家一开始已手执"战略导弹系统""军事基地"等手牌，便不会有很大的合作意欲。这岂不像特朗普政府力排众议，退出《巴黎协定》？

当然，《世界议事会》只是一个游戏，它并不是一张完全反映现实镜子。但在虚拟经验中，玩家却体验到了真实的国际政治，设身处地想象作为一国领袖的情境，这种经历比书本更生动、深刻，像是上了一堂很好的通识教育课。

从"世界议事会"到世界公民

《世界议事会》由三位香港大专毕业生梁乐闻、莫冠生和朱宝城共同设计。这款游戏诞生至今，受到广泛讨论，几份报章和网上媒体都争相报道。游戏由设计到诞生的过程，也非常有趣，充满港式传奇。

2016 年 10 月，设计者以网名"五月花落谁家"在香港高登讨论区贴文，希望集思广益，当时游戏还未有详细说明书。11 月底，设计者在 Kickstarter 发起众筹，短短一星期便达到众筹 10 万港元的目标，直到截稿时，游戏已筹得逾 56 万港元，得到接近 1400 名 Kickstarter 用户支持。对年轻创业者来说，这是非常了不起的成就，对于一众香港游戏设计者来说，更是一个振奋人心的故事。

《世界议事会》的诞生过程固然感动人心，但游戏只是一个起点，更重要的是令玩家感兴趣，继而自发在现实世界寻找更多答案。通过让玩家扮演国家领袖，《世界议事会》让玩家体验了真实的国际政治。在扮演岛国时，玩家或会想了解多点瓦努阿图和马尔代夫的痛苦；游戏中超级大国的霸道，以及极权国家盲目的军事发展，也会让玩家联想到现实世界。

不过，"世界议事会"并不真的存在，在现实生活中，人们还是可以通过集体行动、政治参与改变社会——没有席卷全球的环保运动，各地环保人士的施压，环境保护也未必像今天成为全球议题。只要玩家能更进一步，把从游戏中得到的共鸣、同情，化为日后社会参与的起点，世界未必没有改变的可能。

（本文经开端文化授权刊登）

FATE OF THE WORLD IN A VIDEO GAME

可以不把"世界的命运"交给游戏吗？

文

宁卉

宁卉，国际新闻记者，现居布鲁塞尔。

这个游戏仿佛极度乐观，它设定在 2020 年人类愿意携手应对气候变暖；但上手后，我又觉得一切都是骗局，要不输了民意，要不放手污染。作为看上去位高权重的跨国 NGO 首脑，我也渐渐失去了初心……

就让我们重新来过

我得到了一个改变世界命运的机会，将地球从资源、人口与发展的矛盾中解放出来——这款名为 "Fate of the World"（世界的命运）的游戏，让我代表人类拯救人类。

"当环境崩坏无法被忽视，人类文明会怎样回应？"

游戏设定里，二十一世纪的第一个十年，经济不稳，文明动荡，世界遭遇了有史以来最为极端的气候危机。终于，在 2020 年气候峰会上，"全球环境机构"（Global Environmental Organisation，简称 GEO）成立，这个跨国机构，将在所有国家的全力支持下，在最需要的地方开展行动。

我，便是 GEO 总监。

显然，这个来自 2010 年的游戏太乐观了，它假想 2020 年，全球各国从公众到政府都完全支持应对气候变化。人类的决心之大，突破了长期以来全球治理的制度瓶颈。反观 2017 年的现实世界，美国已经退出了《巴黎协定》（这是二十多年来气候大会勉强称得上不错的成果），特朗普在推特说气候变化是中国的阴谋。今天，要想在短期内成立一个类似 GEO 的全球气候变化政策机构，完全没可能。

不过，游戏向来是逃避现实、想象"如果"的乌托邦。作为长期跟踪气候变化议题的记者，有效力的全球气候治理是一个美妙不已的图景，让我蠢蠢欲动。

初上手，这款回合制的卡牌策略游戏让人觉得够复杂、知识性够强。游戏把全球划为十二部分——北美、南美、欧洲、北非、南非、中东、俄罗斯、中国、日本、南亚、印度和岛国，并引入联合国人类发展指数（HDI）的概念，每个回合，玩家会根据各地区 GDP 的增长获得相应资金。资金先要在这些区域策略性地购买中介（Agent），再通过中介们实施各种策略。这意味着本质上，你可以使用的策略总是受经济限制。

在游戏中，卡片就是可供选择的策略，其中既包括一些长期方针——如投入核能和可持续能源，也有其他五花八门的短期公共政策，这些政策再按门类和技术发展的次序，细分在各地区的政治、环境、能源和福利部门之下。

每张卡片都有其优劣，有的需要长期使用才有效

果，有的则只有五年期效。能源科技类的卡片最终带你进入纳米技术、人工智能、气候工程、搜索外星智能、冷聚变等等乍看高深的领域。但这些"终极解决"方案的到来非常缓慢，在等待技术更新的同时，还需要平衡各个地区的其他政策。而这些社会经济政策，可能会挑战我们的道德准则，如：是否要为了在贫困地区追求 GDP 而发展污染严重的重工业？

世界会因玩家的策略逐渐发展，而经济、社会、环境因怎样的策略才能平衡进行？应该如何利用有限的资源建立优先次序？这是游戏给玩家最大的挑战。

"气候"这场当代政治游戏

游戏的终点是 2200 年，玩家可以选择不同的任务模式，达成任务目标就能获胜。但在这个过程中，一着不慎就会败北：一些国家可能因为讨厌你的策略而拒绝接受 GEO 进入国门，这随即影响到你能够调动的资金，而被太多国家和地区踢走则会导致全盘失败；在另一些陷入政治动荡的国家，更可能有极端分子干脆地将"GEO 总监"刺杀；更可能发生的，还是在一个世纪内，全球气温最终升高 3 摄氏度，这是导致大多任务失败的缘由。

我对卡片所涉及的议题不算生疏——无论是化石能源、可再生能源，还是极端气候、粮食安全。我理解针对某领域的政策，会引发连锁反应，比如发展核能要考虑铀储备，对核能的过分依赖可能导致能源安全的崩盘。但当游戏的网，铺在整个世界，而在照看每个地区的需求的同时，还要参考复杂的技术图表以知晓其相互联系时……我的智力和耐性，很快干涸了。

最开始，我是一个略犯傻的理想主义者。游戏提供的一些长期选项，比如减少化石能源，投入可持续能源，倡导绿色生活方式，我都不假思索地点下购买，却发现它们无法给经济落后的非洲带来任何助益。游戏中难度最低的任务，便是拯救非洲的经济——但单纯在新能源和环境保护上投入的话，非洲永远走不出发展怪圈；而能带来革命性变化的技术，在基础设施薄弱的非洲，则需要极大额现金才能买到。

接着，我又成了"对症下药"的后知后觉者。游戏过程中，每次更新策略，各个地区都会有一大批新闻、报告涌现出来，如果我陷入这些零星信息的圈套，比如水荒治水，科技停滞再开设科技局，饥荒再发展农业，通常都会失去长期规划的可能。

很快，我还滥用"托宾税"，被一直很支持 GEO 工作的欧美国家踢了出去。托宾税在现实世界也存在，它带着点"罗宾汉"的含义，是一个试图减少投机，为全球性的收入再分配提供资源的税制。体现了气候谈判中所谓的"共同但有区别的责任"，也就是对温室气体排放负主要责任的发达国家，需要承担起更多的责任。在游戏中，托宾税是一把双刃剑。它固然意味着玩家调动了更多的经济支援，但付钱的国家渐渐就放弃对你的支持。

只有黑化才能成功？

一次次失败后，我在网上四处寻找通关视频。到那时，我才隐约理解了这款游戏的种种逻辑。我一直重视的减少化石能源、发展新能源固然是好的，但那必须在经济水平和就业率等到达一定阶段之后才能推行。

而真正重要的，其实是好感度——民众喜欢你，任由你继续"执政"，你就能"为所欲为"。在不同阶段，卡片都会给出提示：这项政策是会提升、还是降低你在该区域的支持率？提升经济发展、促进社会福利，都能给你带来好感度的提升。不是非得要追求好的环境，或是保护野生动物。这个逻辑把握得好的话，你甚至可以拿下看似最不可能的任务"末日博士"（Dr. Apocalypse）——在至少一个地区维系"恐怖统治"到2200年，任由全球温度比工业化前高出整整6摄氏度。

发现了吗？这款游戏到底没有脱离现实太远——政策实施者与民意，这对当代政治最基础的平衡，始终牵制我的一言一行。但是，游戏里，很多"提升"民意的方法却很极端。有关政治的策略卡片本质上都是为"维稳"，选项包括黑色行动（Black Op）到军事戒严（Martial Law）。如果一个地区（大多是北非和中东）陷入动荡，玩家可选择的策略都是以暴制暴——而这是会极大提升好感度的。反过来，底层的反对意见，如果想要传达到我这个全球环境机构总监的耳朵里的话，唯一的选择也就是抗议、战乱，并最终将我踢出局。

讽刺的是，所有这些给这款游戏背书的国际机构，比如乐施会、地球之友，民主都是机构的基本前提，而上帝视角的游戏本身，却呈现了这个世界最不民主的模样。

而且，作为一个以全球视野、全球制度为基础的游戏，"全球化"这件事情在《世界的命运》中却似乎没有发生。虽然游戏将地球分区，但却没有就区域间博弈展开讨论。现实情况下，如果大力保护南美热带雨林，远在中国的猪肉供给就会受到影响——进口自美洲的大豆是养猪场最重要的饲料。但是游戏中，区域发展并不会相互影响，

明明有一个全球机制，但连技术发展都无法做到互通有无。

不管怎么说，我还是赢了一次的。在麻木布置提升GDP的策略的同时，不忘加紧科技发展，偶尔给平民百姓施舍一些社会福利。一旦有安全隐患我就使用黑色行动，也根本不会去推行对换取民意没有用处的绿色生活方式。

在这款游戏中，要想有长期的发展与环境治理的平衡，最重要的可能还是耐性——在一次次失败的过程中，形成策略，并在再次失败后获取教训，无限重来。也许对于游戏制作者而言，折磨人的游戏过程，是想让玩家意识到气候变化的"邪恶"，它一遍遍强调，气候变化不等于环境保护。但深知气候变化传播困境的我，更担心的是，这款游戏很容易让玩家觉得世界必然毁灭，恐惧加深。

所以，可以不把"世界的命运"交给游戏吗？毕竟，这个世界的命运，我们根本没有重来的机会。

（本文经开端文化授权刊登）

001

002

003

004

OO5

OO6

007

008

009

010

第九区 游戏妖怪十日谈

编　　著 ｜ 腾云智库 / 译言 / 木果

主　　编 ｜ 刘晋锋 / 岳淼

副 主 编 ｜ 朱墨 / 张可 / 王晓冰

特约编辑 ｜ 周南谊 / 毛晓芳 / 樊杰 / 张弛 / 胡文潇

鸣　　谢 ｜ 腾讯游戏

视觉设计 ｜ Picture Studio

封面设计 ｜ Picture Studio

网　　站 ｜ tengyun.qq.com / yeeyan.org

图书在版编目（CIP）数据

游戏妖怪十日谈 / 腾云智库，译言，木果编著 . —— 武汉：华中科技大学出版社，2018.6
（第九区）
ISBN 978-7-5680-4177-5

Ⅰ．①游…　Ⅱ．①腾…　②译…　③木…　Ⅲ．①游戏程序— 程序设计—普及读物
Ⅳ．① TP317.6-49

中国版本图书馆 CIP 数据核字 (2018) 第 112148 号

游戏妖怪十日谈
Youxi Yaoguai Shiri Tan

腾云智库 译言 木果 编著

策划编辑：刘晚成
责任编辑：黄　验
封面设计：Picture Studio
责任校对：张会军
责任监印：朱　玢
出版发行：华中科技大学出版社（中国·武汉）　　电话：（027）81321913
　　　　　武汉市东湖新技术开发区华工科技园　　　邮编：430223
印　　刷：武汉精一佳印刷有限公司
开　　本：710mm x 1000mm　1/16
印　　张：9　　插　页：16
字　　数：275 千字
版　　次：2018 年 6 月第 1 版第 1 次印刷
定　　价：58.00 元

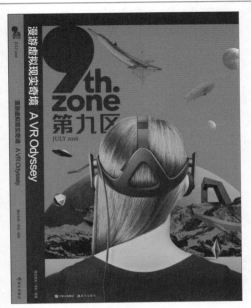

《第九区·漫游虚拟现实奇境》

当虚拟现实不再是无法实现的科学幻想，它将如何改变世界？本期全球独家完整首发凯文·凯利关于虚拟现实的最新文章，全面呈现虚拟现实行业发展现状，以及未来的痛点和机遇。

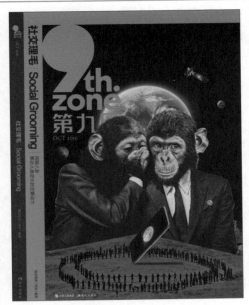

《第九区·社交理毛》

为何我们拥有语言这种奇妙能力，但大多数时间都在闲聊八卦？技术发展影响了我们待人接物的方式，数字世界的社交礼仪是什么？游戏将玩家从孤独中解放，"孤独的游戏者"或许是个错觉？

《第九区·慈爱的机器》

未来的机器会照看我们的一切，还是剥夺我们的一切？本期推出六封信件，向孩子讲述人与智能共处的世界。人类的习惯模式正在被快速颠覆，未来将发生巨大的学习变革，人将与机器共同进化……

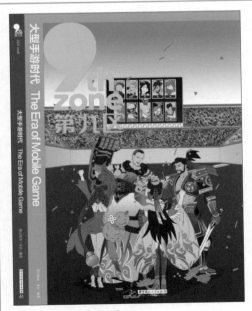

《第九区·大型手游时代》

本期聚焦《王者荣耀》这款现象级手机游戏，包含制作人专访、产业链深度报道、角色设计手稿。特别附赠经由国内教育专家、心理专家、游戏专家共同制作的实用手册《写给家长的游戏指南》。